AF402006

Géométrie Élémentaire

à l'usage des classes de lettres

2e Partie — Géométrie dans l'espace

par

M. L. Simon

ANCIEN ÉLÈVE DE L'ÉCOLE NORMALE SUPÉRIEURE

PROFESSEUR AU COLLÈGE STANISLAS

1898

Géométrie dans l'espace

La géométrie dans l'espace est l'étude des propriétés des corps solides et la mesure de leur volume.

Une figure géométrique de l'espace se compose de lignes, de plans, de surfaces quelconques, groupés et orientés dans un ordre que l'on connaît. Donc dans toute figure donnée de l'espace, il y a des éléments connus, et d'autres éléments inconnus. L'étude de ces éléments inconnus faite à l'aide du raisonnement est l'objet de la géométrie de l'espace.

Cette étude ayant pour but de savoir si des éléments sont égaux ou non, si des surfaces sont équivalentes ou non, si des volumes sont les mêmes ou non, étude antérieure indispensable à la mesure définitive des volumes des corps. —

La géométrie dans l'espace comprend 3 livres faisant suite aux 4 de la géométrie plane et que l'on appelle pour cela non pas 1er, 2e et 3e livres, mais 5e, 6e, et 7e livres. On aura donc la division suivante :

Ve Livre. Plan et ligne droite
VIe Livre – Polyèdres
VIIe Livre – Corps ronds (Cylindre, cône et Sphère)

Livre V
Du plan et de la ligne droite

§ 1. Notions préliminaires. Angle de 2 droites
§ 2 – Droites et plans perp^{res} ou obliques entre eux
§ 3 – Système de droites parallèles dans l'espace.
§ 4. – Droites et plans parallèles.

§.5. - Plans parallèles.
§ 6. - Plans sécants ou angles dièdres quelconques.
§.7. - Plans perpendiculaires
§.8. - Angles trièdres.

---

§.1. Notions préliminaires et angle de 2 droites.

Définition. — On sait qu'un plan est une surface telle qu'en y prenant 2 points au hasard, la droite qui les joint y est contenue tout entière.

Ordinairement un plan se représente par un parallélogramme (fig.1) mais comme le plan est une surface indéfinie dans tous les sens, on peut y ajouter telles rallonges qu'on veut, on obtiendra toujours le même plan (fig. 2)

Un plan peut aussi se représenter par une figure à bords dentelés (fig. 3) et nous le figurerons souvent de la sorte.

On dit que 2 plans sont confondus quand tous les points de l'un sont en même temps des points de l'autre.

Théorème. — Par 3 points de l'espace, non en ligne droite, on peut faire passer un plan et un seul.

Considérons en effet, les 3 points de l'espace, A.B.C non en ligne droite.

Par la droite indéfinie xy qui relie les p^{ts} A et B, faisons passer un plan quelconque P, et faisons-le tourner autour de xy comme charnière. Il arrivera évidemment un moment où ce plan mobile contiendra le 3e point c de l'espace, ce qui montre que les 3 points on peut toujours faire passer un plan

Mais il n'y en a qu'un. Supposons, en effet, un instant qu'avec un autre procédé que la rotation, on soit parvenu à trouver un plan Q autre que P, passant par A, B, C.

Je dis que le plan Q ainsi obtenu, est confondu avec le plan P obtenu par la rotation.

En effet, si par un point M quelconque du plan P, on mène dans ce plan P, au hasard une droite Z, elle rencontrera en α et β, les 2 dr. AC et BC. Ce point α, se trouvant sur AC est dans le plan Q. Le point β également. Donc la droite $\alpha\beta$ est dans le 2^d plan Q. Donc le point M y est aussi.

Par conséquent tous les points du plan P sont en même temps des points du plan Q.

Donc les 2 plans Q et P sont confondus.

Donc il n'y a qu'un plan unique passant par les 3 points A, B, C

c q f d.

Corollaire 1 — Par 2 droites de l'espace qui se coupent en O on peut faire passer un plan, et un seul.

En effet, si nous prenons sur chacune des droites Xy et Zu un point, tout plan passant par les 2 dr. passe par les 3 p^s O, A, B, et réciproquement. Donc comme il y en a un, et un seul, passant par les 3 p^ts il y en aura aussi un, et un seul, passant par les 2 droites. (Car s'il y en avait 2, il y en aurait aussi 2 passant par les 3 points).

Corollaire 2 — Par 1 droite et un point en dehors, passe un Plan et un seul.

Car en prenant 2 p^ts sur la Dr. xy, on est ramené au cas précédent.

N.B on dit quelquefois que 2 droites parallèles dans l'espace déterminent un plan et un seul.

Cela ne peut pas se démontrer et résulte de la définition même de 2 droites parallèles dans l'espace; définition qui est la suivante:

Définition. — Etant donnée une droite A dans l'espace, et un point O en dehors, on appelle droite parallèle à A et passant par O, une droite obtenue en faisant passer un plan par la droite et le point, et menant dans ce plan une parallèle à la droite par le point (à l'aide des procédés connus de la géométrie plane)

Il résulte en effet de là que si 2 droites parallèles déterminent un plan, cela tient tout simplement à ce qu'on n'a pas pu obtenir de droites parallèles d'une autre façon qu'en prenant d'abord un plan.

C'est dans le même ordre d'idées qu'on peut dire qu'un losange ou une circonférence détermine un plan. Cela tient à ce que ces figures ont été obtenues en prenant un plan et y traçant la figure en question.

Donc, comme pour les tracer, il a fallu prendre au préalable un plan, on ne peut pas dire qu'elles déterminent un plan. Elles en nécessitent un.

Génération des plans

Quand un point se déplace dans un plan, on peut imaginer que tous les points ainsi obtenus appartiennent à une certaine ligne plane, celle que l'on obtiendrait si le point se dédoublait constamment de façon en quelque sorte à laisser la trace de son

passage, on dit alors que le point décrit cette ligne plane ou encore que le point l'engendre.

Quand le point se déplace de façon à ne pas rester dans un
même plan, on dit qu'il engendre une courbe gauche.

De même quand une ligne se déplace dans l'espace de façon
à y occuper diverses positions, on peut évidemment imaginer que tous les points de cette ligne appartiennent à une certaine surface (celle que l'on obtiendrait si la ligne se dédoublait constamment). On dit alors que la ligne décrit
cette surface. — ou encore que la ligne engendre cette surface.

I. Un plan peut être regardé comme engendré par le mouvement
d'une droite pivotant autour d'un point fixe O et s'appuyant
sur une droite fixe xy.

En effet si nous imaginons le plan P.
qui, nous le savons, passe par xy et le
point O, la droite mobile ayant toujours
2 points dans ce plan P, y est tout entière,
et d'autre part il n'y a pas un point I du plan P par lequel
ne passe à un moment donné la droite mobile.

Donc le plan en question peut être regardé comme décrit tout
entier par la droite mobile.   C. Q. F. D.

II. Un plan peut être regardé comme engendré par le mouvement
d'une droite qui se déplace parallèlement à elle-même en
s'appuyant sur une droite donnée xy

Soit AB une des positions de la droite mobile.
AB et xy déterminent un plan que nous allons
appeler P. Si par un point α pris sur xy
nous menons une p^{lle}(*) à AB, nous savons.

(*) Le mot p^{lle} désigne le mot parallèle

par définition (voir page 4) que cette p^{lle} doit être contenue dans le plan A B ∝ , c. à. d. dans le plan P . Cela nous prouve bien que les p^{lles} menées à AB par les différents points de X Y sont toutes dans un même plan . Comme d'ailleurs il n'y a pas un point I du plan P par lequel on ne puisse mener une p^{lle} à AB , il en résulte que le plan P peut être regardé comme engendré par la droite AB quand elle se déplace parallèlement en s'appuyant sur XY.   C. Q. F. D

Définition I. on dit que 2 plans distincts sont sécants quand ils ont 2 points communs et 1 point distinct.

Définition 2. — on dit qu'une droite est p^{lle} à un plan quand la droite et le plan n'ont aucun point commun.

Définition 3. — On dit que 2 plans sont p^{lles} quand ils n'ont aucun point commun. ———

Nous allons, comme d'habitude, démontrer qu'il existe de pareils plans ou de pareilles lignes et pour cela donner un moyen pratique d'en obtenir.

I. Il existe des plans sécants , Car par 3 points A , B . C , non en ligne droite , on peut faire passer un plan P .
D' étant un point pris dans l'espace en dehors du plan P ; par les 3 points A , B , D , on peut faire passer un 2^d plan Q . Et ces 2 plans P et Q ne sont pas confondus puisqu'il y a un point D de l'un qui n'est pas dans l'autre ; Donc ces plans sont bien distincts
Donc il y a des plans distincts ayant 2 points communs.

Propriétés des plans sécants. — L'intersection de 2 plans distincts et sécants, est une ligne droite.

En effet, si nous considérons 2 plans distincts P et Q qui ont 2 points communs A et B ; la droite indéfinie qui joint A et B est tout entière dans le plan P ; tout entière aussi dans le plan Q. Donc comme l'intersection de 2 surfaces est par définition la ligne ou l'ensemble des lignes contenant tous les points communs à ces 2 surfaces, on voit déjà que l'intersection des 2 plans contient cette droite indéfinie AB.

Mais aucun point en dehors de cette droite ne saurait appartenir à l'intersection, car sans cela les 2 plans distincts P et Q seraient confondus

Donc l'intersection des 2 plans se compose uniquement de la ligne droite indéfinie AB.

Donc l'intersection de 2 Plans est une ligne droite. C.Q.F.D.

II. Il existe des droites parallèles à des plans.

En effet :

Théorème. — quand 2 droites de l'espace sont parallèles tout plan passant par l'une des droites est $\parallel$ à l'autre droite

Soient AB et CD 2 droites $\parallel^{les}$, et P, un plan passant par AB.

Je dis que CD ne saurait rencontrer le plan P.

En effet si CD le rencontrait en 0, 0 étant dans le plan ABCD qui unit toujours 2 $\parallel^{les}$, serait à la fois dans les 2 plans P et ABCD. 0 ferait donc partie de leur intersection

intersection qui est la droite AB. Donc AB et CD auraient un pt commun O, ce qui est impossible puisqu'elles sont plles.

Donc supposer que CD rencontre le plan P nous conduisant à une impossibilité, CD ne peut rencontrer le plan P.

Donc le plan P est pll à la droite CD. C. Q.F.D.

Ce théorème prouve qu'il existe des droites plles à des plans, c. à.d. des droites ne pouvant pas rencontrer un plan quelque loin qu'on les prolonge.

III.— Il existe des plans parallèles entre eux.

En effet:

Théorème.— Quand 2 angles de l'espace ont leurs côtés 2 à 2 parallèles, les plans de ces angles sont plles.

Soit un plan P dans lequel nous traçons au hasard 2 droites A et B. Par le point en dehors O, menons les plles A' et B'. Elles déterminent un second plan Q. Si les 2 plans P et Q se rencontraient, la droite Δ d'intersection ne pouvant être parallèle à la fois aux 2 droites A' et B', en rencontrerait au moins une, par exemple O A'. Et alors O A' rencontrerait le plan P. Mais cela est impossible, car A et A' étant plles, O A' doit être pll au plan P.

Donc, supposer que le plan Q rencontre le plan P, nous conduit à une impossibilité. Donc Q ne peut pas rencontrer le plan P.

Donc Q est parallèle au plan P.

Donc il existe des plans parallèles. C. Q.F.D.

Il y a peut-être d'autres moyens que le précédent d'obtenir des plans plls entre eux, mais nous pouvons aisément prouver que quelque soit le procédé employé:

Théorème: <u>Par un point de l'espace, ne peut passer qu'un seul plan parallèle à un plan donné.</u>

Pour le démontrer nous nous appuierons sur le lemme suivant:

Lemme.— <u>Deux plans parallèles P et Q coupés par un 3e R donnent des intersections parallèles.</u>

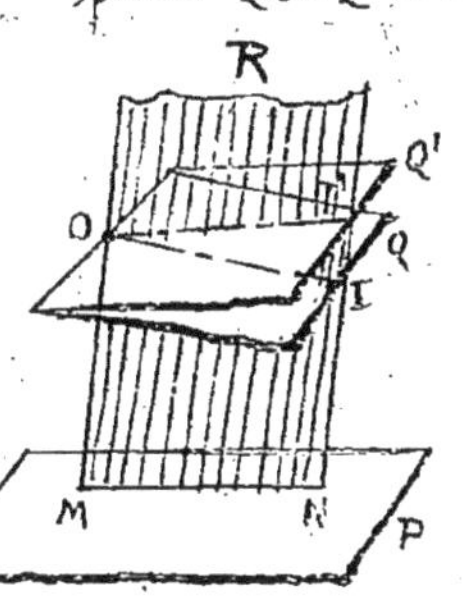

En effet si les intersections AB et CD se rencontraient en 0, ce point 0 se trouverait à la fois sur les 2 plans, et ces 2 plans plls auraient un point commun. Nous ne pouvons donc pas admettre que AB et CD se coupent. Donc AB et CD ne se coupent pas et, étant dans un même plan R, sont plls.

Ce lemme établi, supposons un instant que par un premier procédé on ait obtenu un plan Q parallèle à P et passant par 0 et que par un second procédé on ait obtenu un second plan Q' parallèle à P et passant aussi par 0.

Un plan quelconque R passant par 0, déterminerait dans les 2 plans Q et Q' à cause du lemme, deux entailles OI et OI' toutes deux plls à l'entaille M N.

Mais cela est impossible à cause du Postulatum d'Euclide.

Donc, supposer qu'il y a 2 plans passant par 0 et plls au plan P nous conduirait à une impossibilité, nous devons admettre qu'il n'y a qu'un seul plan passant par 0 parallèle à P.   C.q.F.D.

Les 3 définitions précédentes données et justifiées,
Il nous est maintenant possible d'établir les 2 théorèmes
fondamentaux qui suivent.

Théorème fondamental I. - Deux droites parallèles à une
3ᵉ sont parallèles entre elles.

Soient 2 droites A et B toutes deux parallèles
à la droite Δ.

Pour démontrer qu'elles sont pⁱˡᵉˢ entre elles
il faut (comme toujours) prouver
1° qu'elles ne se coupent pas,
2° qu'elles sont dans un même plan.

D'abord, elles ne sauraient se couper, car sans cela d'un point
on pourrait mener 2 parallèles à une même droite Δ, ce qui
ne se peut, étant donnée la façon dont il faut procéder pour
avoir 2 droites parallèles (voir page 4)
Relions, maintenant A et B par une ligne droite quelconque m n
et par un point quelconque o de la droite Δ, menons la pⁱˡᵉ μ ν
Nous formons ainsi les 3 plans ombrés que pour abréger, nous
appellerons P, Q, R.

Le plan P est pⁱˡᵉ au plan R (car 2 angles à côtés pⁱˡᵉˢ sont
dans des plans pⁱˡᵉˢ (page 8))
Le plan Q est pⁱˡᵉ au plan R
Mais les plans P et Q passent tous deux par le point n
Donc, comme par le point n on ne peut faire passer qu'un
seul plan parallèle à R, P et Q sont confondus.
Donc B qui est contenu dans le plan Q est aussi contenu dans
le plan P.

Donc les droites A et B sont dans un même plan.
Par conséquent A et B ont la propriété double qui caractérise les
droites parallèles de l'espace, Donc sont parallèles. C.Q.F.D.

2e Théorème fondamental. — Deux angles de l'espace qui ont leurs côtés par^{les} sont égaux.

Soient A'B' et A'C' les par^{les} à AB et à AC, menées par le point A' extérieur au plan ABC.

Pour prouver que $\widehat{A'} = \widehat{A}$, employons la méthode bien connue des △ égaux.

Et pour cela prenons A'B' = AB
A'C' = AC $\Big\}$ puis joignons

afin de pouvoir prouver que B'C' = BC.

AB A'B' est un pllg^{r}. donc BB' est égal et par^{le} à AA'

AC A'C' — — — — — — — — — $^{\ell}$ CC' — — — — — AA'

Donc CC' est égal et par^{le} à BB' (car 2 droites par^{les} à une 3e sont par^{les} entre elles)

Donc BB'CC' est un pllg^{r}

Donc B'C' = BC

Mais alors les △ ABC et A'B'C' ayant les 3 côtés égaux 2 à 2, on a : $\widehat{A} = \widehat{A'}$ C. Q. F. D.

Une fois les 2 théorèmes fondamentaux établis (et pour le faire nous n'avons eu besoin que d'établir l'existence de droites par^{les} à un plan ainsi que l'existence de 2 plans par^{les}, ce qui s'est fait simplement par l'absurde),

nous allons pouvoir donner tout de suite (ainsi que le fait M. Rouché dans sa géométrie) la définition de l'angle de 2 droites de l'espace qui ne se coupent pas. ———

Et d'abord ~~comment~~ existe-t-il des droites de l'Espace qui ne se rencontrent pas ?

Il suffit pour le voir, de prendre un plan P, dans ce plan une droite AB, puis un point, et de le joindre à un point

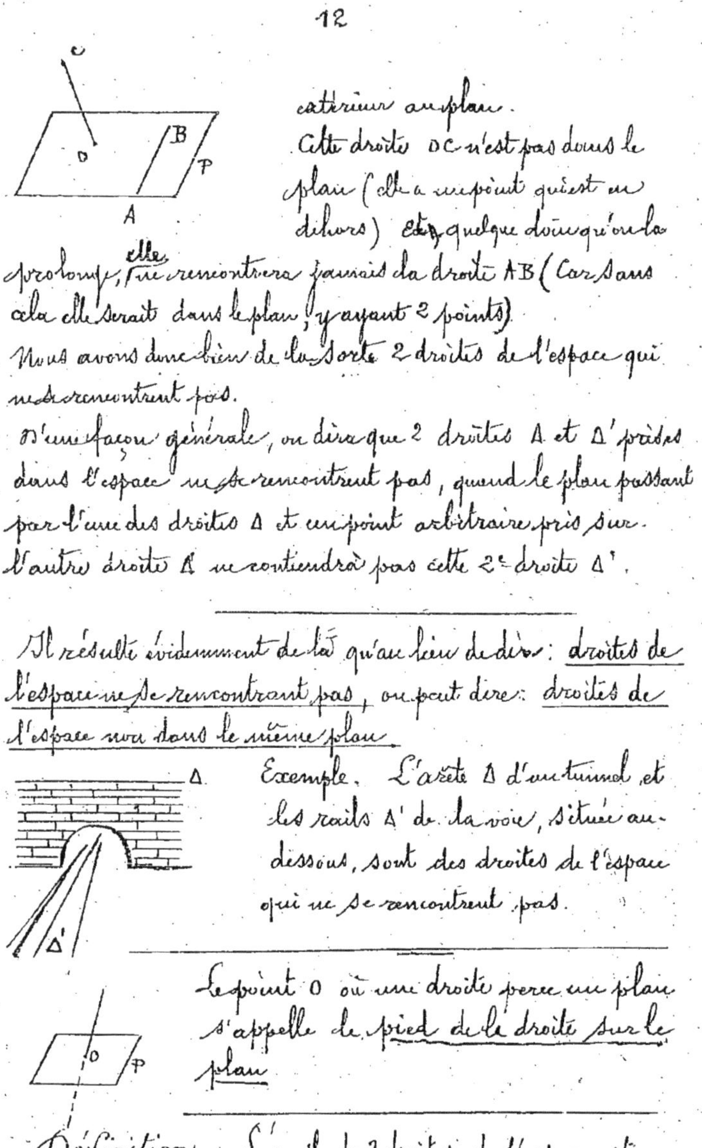

extérieur au plan.

Cette droite OC n'est pas dans le plan (elle a un point qui est en dehors) et, quelque loin qu'on la prolonge, elle ne rencontrera jamais la droite AB (car sans cela elle serait dans le plan, y ayant 2 points).

Nous avons donc bien de la sorte 2 droites de l'espace qui ne se rencontrent pas.

D'une façon générale, on dira que 2 droites Δ et Δ' prises dans l'espace ne se rencontrent pas, quand le plan passant par l'une des droites Δ et un point arbitraire pris sur l'autre droite Δ ne contiendra pas cette 2ᵉ droite Δ'.

_____

Il résulte évidemment de là qu'au lieu de dire : <u>droites de l'espace ne se rencontrant pas</u>, on peut dire : <u>droites de l'espace non dans le même plan</u>.

Exemple. L'arête Δ d'un tunnel, et les rails Δ' de la voie, située au-dessous, sont des droites de l'espace qui ne se rencontrent pas.

_____

Le point O où une droite perce un plan s'appelle le <u>pied de la droite sur le plan</u>.

_____

Définition. — L'angle de 2 droites de l'espace est l'angle obtenu en menant par un point quelconque de l'espace, des ∥ˡᵉˢ à ces 2 droites.

Exemple. L'angle des 2 droites A et B est l'angle O formé par les ∥ˡᵉˢ A' et B', angle qui est ou aigu ou obtus.

quelque soit le point choisi, qu'il soit O, O' ou O'', l'angle formé est toujours le même à cause du théorème fonda-mental 2.

Et il a fallu absolument établir ce théorème fonda-mental, car la définition donnée de l'angle de 2 droites serait mauvaise, si on n'était pas sûr que <u>cet angle est indépendant du point choisi</u>.

NB. C'est même uniquement à cause de cela si nous tenons à parler dès le début du 5ᵉ livre de l'angle de 2 droites de l'espace non dans un même plan, que nous avons été obligés de parler au préalable, un instant, du parallélisme des droites et des plans.

Définition. - Quand <u>2 droites non dans un même plan</u> font entre elles un <u>angle de 90°</u>, on peut dire qu'elles sont pp⁻ˡᵉˢ mais nous dirons en général qu'elles sont <u>orthogonales</u>; (le mot orthogonal étant ainsi réservé à des droites rectan-gulaires qui ne se coupent pas).

Corollaire. - Quand 2 droites A et B de l'espace sont p⁻ˡᵉˢ entre elles, si l'une d'elles est orthogonale à une 3ᵉ droite C, il est clair que l'autre le sera aussi (Cela tient à ce que la p⁻ˡᵉ menée de O à la droite A est aussi p⁻ˡᵉ à la droite B, puisque 2 droites A' et B p⁻ˡᵉˢ à A sont p⁻ˡᵉˢ entre elles)

§ 2. — Droites perpendiculaires ou obliques aux plans.[(*)]

Définition. — On dit qu'une droite est pp^re à un plan quand elle est pp^re à toutes les droites de ce plan, qu'elles passent ou non par son pied.

Il existe de pareilles droites — Cela résulte du théorème suiv^t :

1er **Théorème fondamental.** — Quand une droite est perp^re à 2 droites d'un plan passant par son pied, elle est perpend^re.

1° à toutes les droites du plan passant par son pied.

2° à toutes les droites du plan ne passant pas par son pied.

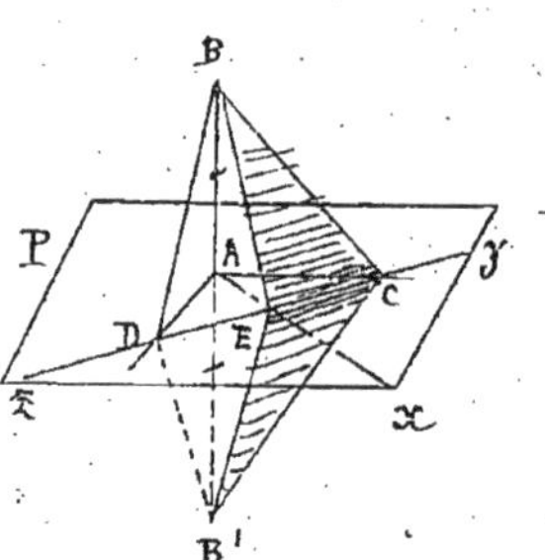

Soit A B une droite perp^re aux 2 dr. A C et A D du plan P. [(2)] Je dis d'abord que A B est perp^re à une droite quelconque A x de ce plan passant par son pied.

Pour prouver que ces 2 droites A B et A x sont pp^res, nous allons employer une méthode détournée, spéciale (dite du $\triangle$ isocèle) et qui consiste à prendre 2 points quelconques, E sur A x et B sur A B, à prolonger la droite A B d'une longueur A B' égale à A B, puis à démontrer que BE = B'E. Ce point acquis, on pourra en conclure la pp^té, la médiane étant toujours hauteur dans un $\triangle$ isocèle.

Pour prouver que BE = B'E, prenons (comme toujours) la méthode

---

[(2)] Il est facile d'obtenir une droite perpendiculaire à 2 droites d'un plan. Car en un point O d'une droite Δ, on peut mener 2 droites OH et OK pp. à cette droite, puis poser le système ainsi formé sur un plan P.

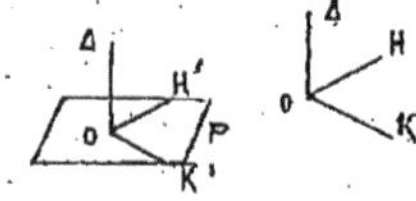

[(*)] L'ordre des paragraphes que nous suivons est celui de Legendre et de Vacquant, seulement les démonstrations de plusieurs des théorèmes du 2^d paragraphe seront simplifiées, grâce à la définition des droites orthogonales que nous avons donnée dans le 1er paragraphe, dès le début. —

dit Δ égaux, et pour cela menons par E x y z dans le plan P une dte quelconque et considérons les 2 Δ BEC et B'EC, situés, l'un au-dessus, l'autre au dessous du plan P, Δ qui forment en quelque sorte l'iscau. Ces Δ sont égaux.

En effet. 1° EC est commun
2° BC = B'C (car dans le plan BB'C BC et B'C sont des obliques également écartées du pied A de la droite BA, perp^te à AC)

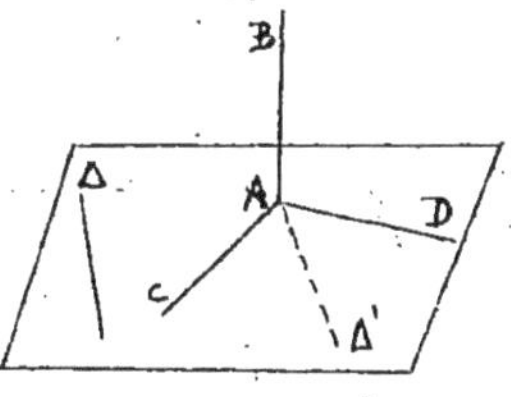

3° les angles en C sont égaux, car les grands Δ BDC et B'DC ont leurs 3 côtés égaux (BD étant égal à B'D comme obliques également écartées du pied A de la droite BA pp^re à AD)

Par conséquent BE = B'E.

Donc AB est pp^re à Ax.

Et la 1re partie du théorème est démontré. — En second lieu, La même droite AB, si elle est perp^te à AC et à AD, est pp^re à n'importe quelle autre droite Δ du plan ne passant pas par son pied. Remarquons en effet que nous pouvons toujours, par le pied A, mener la p^te Δ' à Δ ; AB étant pp^re à Δ' qui est dans le plan P, sera orthogonal à Δ.

Ainsi AB est orthogonal à n'importe quelle droite du plan, qu'elle passe ou non par le pied A.

Donc AB est bien ce qu'on appelle une droite perpendiculaire au plan

Donc il existe de pareilles droites.

2.º Théorème fondamental — Quand une droite est orthogonale à 2 droites d'un plan qui ne passent pas par son pied, elle est pp^{re} à ce plan.

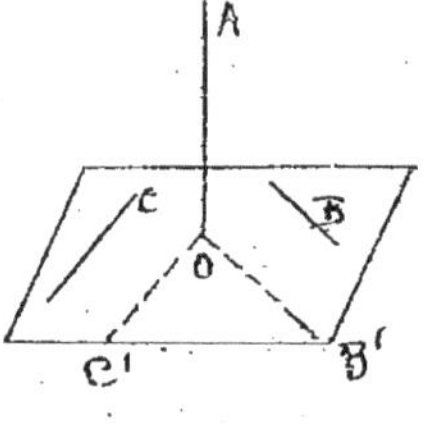

Soit la droite A orthogonale aux 2 droites B et C du plan P. Je dis que A est pp^{re} à ce plan.

Pour cela il suffit de prouver que A est pp^{re} à 2 droites passant par son pied, car on sera alors ramené au théorème fondamental 1.

A étant orthogonal à B, est pp. à sa p^{lle} B' menée par le pied O (p^{lle} qui par définition est dans le plan BO c.à.d dans le plan P)

De même A est pp^{re} à la p^{lle} C' qui est dans le plan P.

Donc A étant pp^{re} à 2 droites passant par son pied dans le plan P, est une droite pp^{re} à toutes les droites quelles qu'elles soient du plan P, c.à.d, en un mot, pp^{re} au plan P.   C. Q. F. D

Il résulte des 2 théorèmes fondamentaux précédents, une méthode générale d'un emploi continuel dans tous les nombreux théorèmes ou problèmes où on a à prouver qu'une droite est pp^{re} à un plan.

Cette méthode consiste à démontrer ou qu'la droite est pp^{re} à 2 dr. du plan passant par son pied,

ou que la droite est pp^{re} à 2 dr. du plan, l'une passant par son pied, l'autre n'y passant pas,

Ou enfin que la droite est orthogonale à 2 dr. du plan ne passant pas par son pied.

Il résulte encore de ces théorèmes fondamentaux une _méthode_ constamment employée, sans exception dans tous les problèmes où on a à prouver que 2 droites sont $\perp$ entre elles :

Méthode. — _Pour prouver que 2 droites de l'espace sont $\perp^{res}$, on prouve que l'une d'elles est $\perp^{re}$ à un plan passant par l'autre._

(La nécessité où l'on est toujours d'utiliser les données ou les hypothèses de la figure, indiquera en général le plan qu'il convient de considérer.)

En effet, si la droite A est $\perp^{re}$ au plan P qui passe par B, elle sera orthogonale à B.

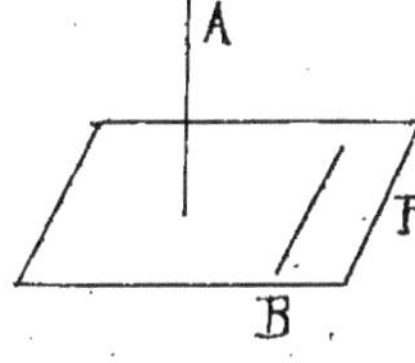

Problème I. — D'un point pris sur une droite, mener un plan perpendiculaire à cette droite.

Règle. — De ce point, dans 2 plans passant par la droite, on mène 2 perpendiculaires à la droite. Le plan de ces 2 droites est le plan cherché.

En effet, la droite AB étant, par construction, perp^re à OH et à OK, l'est au plan ombré P formé par ces 2 droites.

Problème II. — D'un point pris hors d'une droite, mener à cette droite un plan perpendiculaire.

Règle. — Dans le plan passant par la dr. et le point, on mène par le point la pp^re sur la droite puis par le pied de cette pp^re, dans un autre plan passant par la droite donnée, on mène une 2e pp^re. Le plan de ces deux pp^res est le plan cherché.

En effet, la droite AB étant perpendiculaire à OH et HK, l'est au plan ombré formé par ces 2 droites.

Remarque. — Il y a peut-être d'autres moyens d'obtenir un plan perpend^re à la droite, mais quel que soit le moyen employé, on ne trouvera jamais qu'un seul plan perp^re à la droite. Car s'il y avait 2 plans pp^res P et P', le plan ABOR les couperait suivant 2 droites toutes deux perpendiculaires à AB. Dès lors dans un même plan R, du point O, partiraient deux perpendiculaires à une même droite, ce qui est impossible, d'après la géométrie plane.

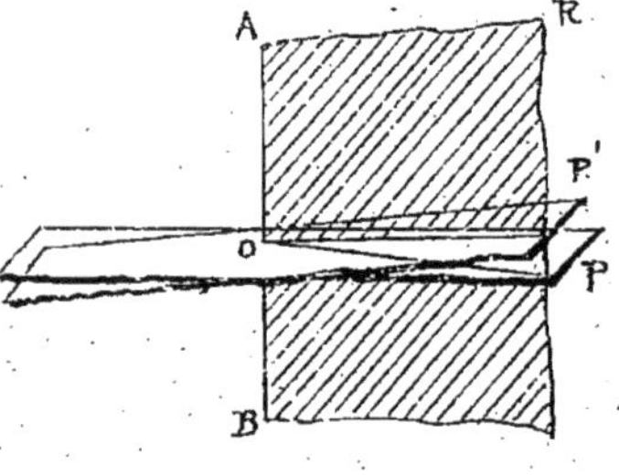

Problème III. D'un point pris dans un plan, mener une droite perpendiculaire à ce plan.

Règle. Par le point donné O, on mène dans le plan une droite quelconque A, du point O la pp.re B dans le plan P, puis une autre pp.re C. Enfin, dans le plan BC ainsi formé, on mène la pp.re OH sur B; OH est la pp.re cherchée.

En effet, OH est pp.re sur OB, par construction; OH est aussi pp.re sur OA car OA est pp.re au plan ombré BC, donc à la droite OH, et réciproquement.

OH étant pp.re aux 2 dr. OB et OA du plan P, l'est au plan. C.Q.F.D

Problème IV. D'un point pris hors d'un plan, mener une droite pp.re à ce plan.

Règle. Dans le plan P on mène une droite A au hasard. Du point aussi on mène une pp.re sur A et du pied I dans le plan P, on mène une seconde pp.re IC. Enfin de O, on mène la pp.re OH sur IC; OH est la pp.re cherchée.

Car OH est pp.re à IC, ainsi qu'à IA (puisque IA étant pp.re à OI et à IC, l'est au plan OIC, donc à OH et réciproquement)

OH étant pp.re à 2 droites du plan P, l'est au plan P.

C.Q.F.D

Remarque. Quelle que soit la méthode employée, il n'y a qu'une droite perpendiculaire au plan P.

Car s'il y en avait deux (dues à des procédés différents), ces 2 perpendiculaires formeraient un plan, le plan ombré qui couperait le plan P suivant xy. Et alors on arriverait à cette impossibilité que d'un point O dans le plan ombré, partiraient deux perpendiculaires à une même droite xy.

Propriétés relatives des perpendiculaires et obliques menées à un plan par un point extérieur.

1° La perp. OA est plus courte que l'oblique OB

En effet, si on considère le plan passant par OA et OB, la droite OA étant pp. au plan P. l'est à l'intersection AB.

Donc OB sera oblique à AB.

Or, on sait, d'après la géométrie plane que la pp^re est plus courte que l'oblique.

Donc on a bien OA < OB.   C.Q.F.D

2° Deux obliques également écartées du pied de la perpendiculaire sont égales.

Soit OA une pp^re au plan P. AB et AC étant 2 droites égales du plan P, les droites OB et OC seront des obliques également écartées du pied A de la pp^re.

Pour prouver qu'elles sont égales, il suffit d'employer à nouveau la méthode des △ égaux et on en déduira que OB = OC

3° Deux obliques inégalement écartées sont inégales, et la plus écartée est la plus grande

Soit OA une pp. au plan P et soit AC > OB je dis que l'on a: OC > OB. En effet, nous pouvons toujours prendre sur AC une longueur AB' égale à AB et le point B' sera entre A et C Mais alors dans le plan ombré OAC on a 2 obliques OB' et OC inégalement écartées et on sait que OC est plus grand que OB'.

Donc, comme OB' = OB, on aura aussi OC > OB

Réciproque I. Deux obliques égales s'écartent également du pied de la perpendiculaire

Réciproque II. Deux obliques inégales s'écartent inégalement et la plus grande s'écarte le plus

(Ces réciproques se démontrent facilement par l'absurde, en employant le tour de phrase habituel)

Par exemple, on dira: Soit OB = OC, Je dis que AB = AC.

En effet, si AB était différent de AC, on aurait affaire à 2 obliques inégalement écartées et qui seraient égales, ce qui ne saurait avoir lieu simultanément ; donc nous devons dire que AB = AC.

Théorème des 3 perpendiculaires.

Si d'un point extérieur à un plan, on mène une ppre et une oblique à ce plan, si on mène la ligne des pieds de ces deux droites et si, par le pied de l'oblique on mène dans le plan une ppre à la ligne des pieds, cette ppre est ppre à l'oblique.

Soit OA une droite ppre au plan, P, et OB une autre droite qui dès lors sera oblique au plan. Par le pied B, menons, dans le plan P une droite BC ppre à la ligne des pieds AB. Je dis que BC est ppre à l'oblique OB.

Puisque nous avons à démontrer qu'une droite est ppre à une autre droite, nous devons (d'après la méthode précédemment indiquée) chercher à démontrer que cette droite est ppre au plan OAB passant par OA.

Or cela est facile, car 1° BC est ppre à AB par construction, 2° BC est orthogonal à OA (car OA est par hypothèse ppre au plan P, donc à BC et réciproquement BC l'est à OA)

Donc BC est ppre à 2 droites du plan OAB, donc au plan, donc à OB.

Remarque. - On a ici 3 angles droits : $\widehat{OAB}$, $\widehat{ABC}$, $\widehat{OBC}$, d'où le nom donné au théorème. —

Ce théorème donne naissance à une réciproque facile à démontrer et qui s'énonce ainsi :

Réciproque. - Si d'un point extérieur à un plan, on mène une ppre à ce plan, puis une ppre OK à une droite quelconque Δ prise dans ce plan, la droite Δ est ppre à la ligne des pieds HK.

En effet, Δ est ppre à OK

Application à la recherche de 4 lieux géométriques

1re Application. — Lieu des droites menées par un point d'une droite ppre à cette droite.

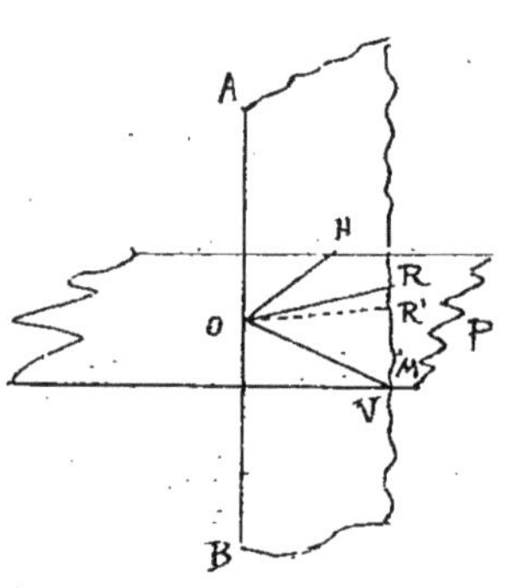

Je dis que les ppres OH, OK, OI, menées à la droite AB par le point O, sont toutes dans un même plan.

Considérons, en effet le plan P formé par les 2 ppres OH et OV. Je dis qu'une 3e ppre quelconque OR est dans ce plan P.

En effet, si elle était au-dessus, le plan passant par AB et OR déterminerait dans le plan P une entaille R', située au-dessous, et cette entaille serait ppre à AB (puisque AB est ppre à 2 dr. du plan, donc au plan) Mais alors dans le plan ABR du point O, partiraient 2 pp^res OR et OR' à AB, résultat impossible.

Donc Supposer que OR est au-dessus de P nous menant à une impossibilité, au-dessous également, nous devons en conclure que OR est nécessairement dans le plan P.

Donc toutes les ppres OH, OK, OI, OR.... sont dans un même plan.

D'ailleurs il n'y a pas un point M du plan P qui ne puisse être regardé comme obtenu par une droite ppre puisque en joignant M à O, on obtient une ppre à la droite AB.

Donc le lieu géométrique des droites OH, OK, OR.... est le plan P perpre en O à la droite AB.   C. Q. F. D.

2ᵉ Application. Lieu des points de l'Espace également distants de 2 points donnés.

<table>
<tr><td>

<u>Méthode analytique</u>(*) (ou de recherche).

Soit M un point du lieu, c.à.d. un point égale-ment distant des 2 pts donnés A et B.

Pour trouver le lieu du pt M, transformons (comme d'hab de) la propriété du point M en une autre nouvelle telle que le lieu devienne évident.

MA étant égal à MB, le Δ formé MAB est isocèle, donc la médiane MI est hauteur. Donc le point M est tel que si on le joint au point I, la droite formée est ppre à AB. Et si lors M se trouve sur la ppre menée du milieu I à la droite AB.

Donc M est dans le plan P ppre à AB en son milieu et nulle part ailleurs.

D'un autre côté un point quelconque μ de ce plan P est à égale distance de A et de B. Car μI étant ppre à AB, dans le plan μAB, μA et μB sont des obliques et des obliques également écartées.

Donc tous les points à égale distance de A et B sont dans le plan P, et il n'y a pas un point de ce plan qui ne soit à l'égale distance.

Donc le lieu inconnu cherché des points à égale distance de A et B est le plan P ppre à AB en son milieu.

</td><td>

<u>Méthode synthétique</u>(*) (ou de vérification)

Je dis que le lieu cherché est un plan P ppre à la dr. AB en son milieu I.

1º Tout point M du plan est à égale distance de A et de B

Car AB étant ppre au plan P est ppre à MI. Donc dans le plan MAB, MA et MB sont des obliques, et des obliques également écartées du pied I de la ppre. Donc MA = MB.

2º Tout point N en dehors du plan P n'est pas à égale distance de A et B.

Car si N est à droite du plan P, A étant à gauche, NA coupe forcément P, en un point M par exemple et on a alors

$$NB < NM + MB.$$
$$or \quad MB = MA.$$
$$donc \quad NB < NM + MA$$
$$< NA$$

Il résulte de ces 2 démonstrations que tous les points du plan P ont la propriété en question, et que les points en dehors ne l'ont pas.

Donc ce plan est bien le lieu géométrique des points également distants des 2 points A et B.   C.Q.F.D.

</td></tr>
<tr><td>

(*) Rappelons que analyser (ἀνα, λύω) signifie décomposer, simplifier. — La méthode analytique consiste donc à transformer la question compliquée du début en d'autres simples, à l'aide d'associations d'idées.

</td><td>

(*) Rappelons que la méthode synthétique consiste à mettre ensemble et la question et la réponse, puis à vérifier après coup.

</td></tr>
</table>

3ᵉ Application. — Lieu des points de l'Espace à égale distance de 3 points donnés.

(Méthode analytique ou de recherche). Soit M un pᵗ du lieu c.à.d. un pᵗ égalemᵗ distant des 3 pᵗˢ A.B.C. Les 3 droites sont forcémᵗ par rapport au plan ABC, 3 obliques (car si l'une d'elles était une ppᵉ, la ppᵉ serait égale à l'oblique). Or quand des obliques sont égales, elles sont à égale distance du pied de la ppᵉ. Donc le pied de la ppᵉ menée de M est le point O égalemᵗ distant de A, de B et de C. Donc le point M a cette nouvelle propriété, qu'il est sur la ppᵉˢ xy menée au plan ABC par le pᵗ O et nulle part ailleurs.

D'ailleurs, tout point μ de cette ppᵉ xy est à égale distance des 3 points A, B, C, car des obliques égalemᵗ écartés, sont égales. Donc le lieu inconnu cherché est la perpendiculaire menée au plan ABC par le centre du cercle circonscrit au △ ABC.

(Méthode synthétique ou de vérification)

Je dis que le lieu cherché est la ppᵉ xy, menée au plan ABC par le centre du cercle circonscrit.

En effet 1° Un point quelconque M de la ppᵉ xy est à égale distance de A, B, C Car ce sont des obliques égalᵗ écartées.

2° Un point en dehors N n'est pas à égale distance des 3 points.

Car la ppᵉ menée de N ne saurait tomber en O puisque sans cela du point O partiraient deux ppᵉˢ OM et ON au plan ABC. Dès lors la ppᵉ menée de N ne tombant pas en O ou seul point du plan P également distant de A, B et C, NA, NB et NC sont des obliques inégalement écartées du pied O, donc sont inégales. Donc tous les points de la droite indéfinie xy ont tous la propriété énoncée et les pᵗˢ en dehors ne l'ont pas. Donc cette ppᵉ xy est bien le lieu géométrique des pᵗˢ également distants des 3 pᵗˢ donnés A, B et C.   C. Q. F. D.

4° **Lieu** des pieds des obliques égales menées à un plan par un point extérieur.

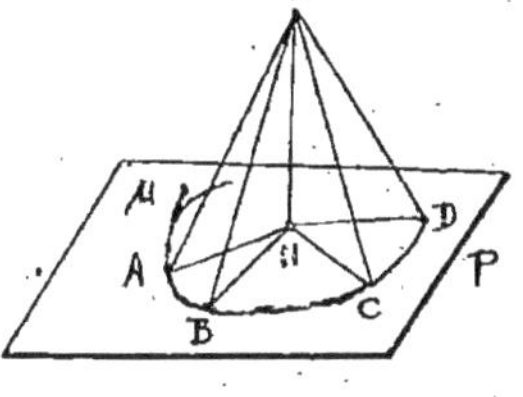

Soient $OA, OB, OC\ldots$ des obliques égales issues du point extérieur O.

Leurs pieds étant également distants du pied de la pp^{re}, les points du lieu ont cette nouvelle propriété : d'être tous à même distance du pied H. Donc ces points sont tous sur une circonf. ayant pour centre le pied de la pp^{re} OH, le rayon valant $\sqrt{\ell^2 - d^2}$ (OA étant égal à ℓ et OH à d).

D'ailleurs un point quelconque μ de cette circonf. est un point du lieu. Car μH étant égal à AH, $O\mu$ est égal à OA. Donc μ est bien le pied d'une oblique égale à ℓ.

Donc le lieu cherché est toute la circ. de centre H.

Application. — Du lieu précédent découle un procédé pratique commode pour abaisser d'un point extérieur O une pp^{re} à un plan P.

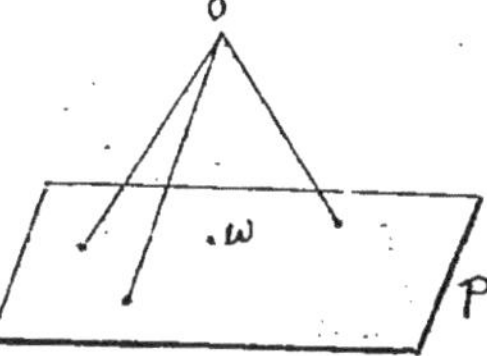

Règle. — A ce point O, on attache une corde limitée. On la tend dans 3 directions différentes jusqu'à ce qu'elle touche le plan, on marque les 3 p^{ts} obtenus et on détermine le centre ω du cercle circonscrit au $\triangle$ formé par ces 3 points.

ω est le pied de la pp^{re} menée de O au plan P.

(car la pp^{re} doit tomber en 1 p^t également distant des 3 points et il n'y en a qu'un)

On pourra résumer comme il suit, en se contentant à peu près de faire les figures, et afin de fixer dans la mémoire la suite des théorèmes, le 1ᵉʳ paragraphe et le 2ᵉ...

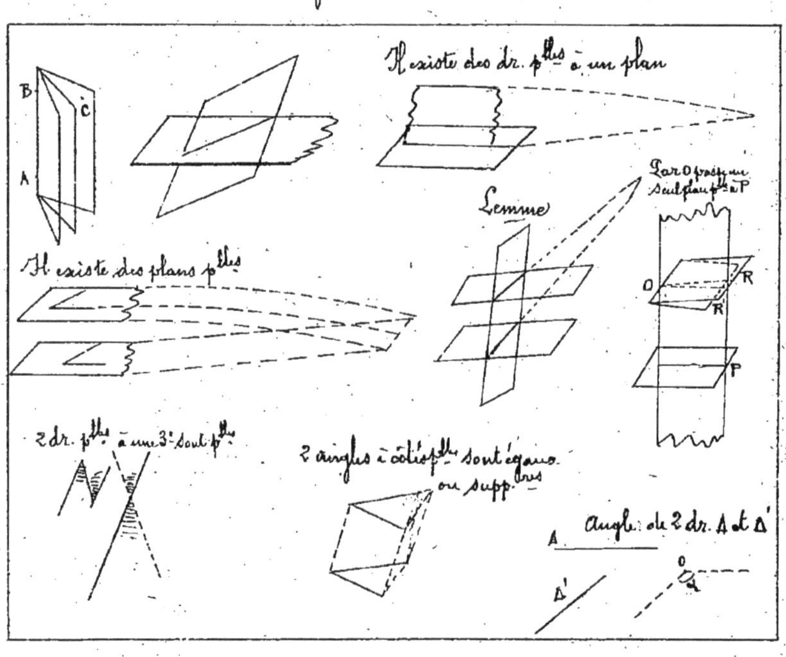

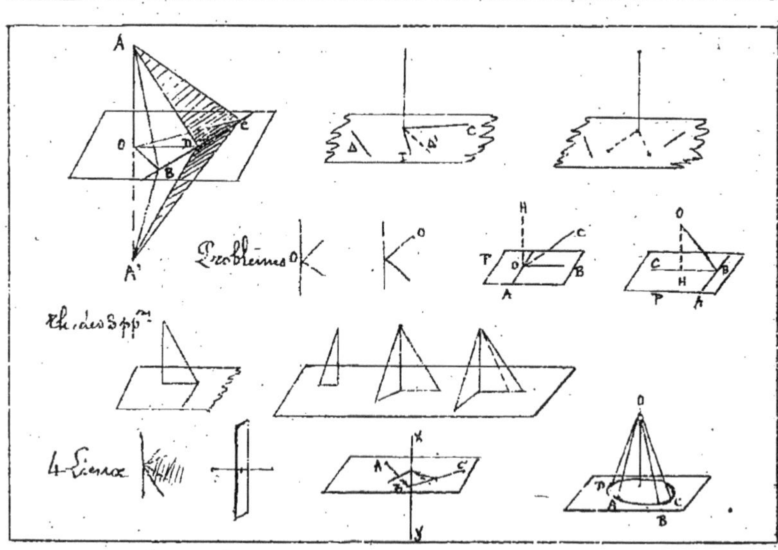

§.3. Systèmes de droites p^lles dans l'espace.

————

Nous avons déjà dit que 2 droites de l'espace sont parallèles entre elles quand elles sont dans un même plan et qu'elles ne se rencontrent pas (page   ) et nous avons montré qu'il en existe. Nous avons de plus montré que par un point de l'espace, on ne peut mener qu'une seule p^lle à une droite donnée, puis que 2 droites p^lles à une 3e sont p^lles entre elles, et enfin que 2 angles de l'espace formés par des droites p^lles sont égaux ou supplémentaires ; nous allons démontrer de plus le théorème suivant relatif à 2 droites p^lles.

Théorème. - Quand 2 droites sont p^lles, tout plan pp^re à l'une, est pp^re à l'autre

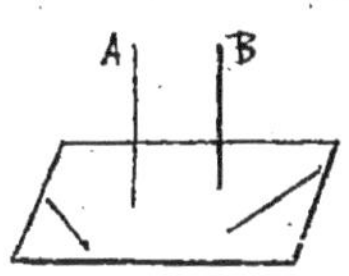

Soient A et B 2 droites p^lles et P un plan pp^re à A. Pour prouver que P est pp^re à B, il suffit de prouver cette autre chose que B est pp^re à 2 droites de ce plan, Δ et Δ' par exemple

Or B est orthogonal à Δ, car A l'est ; donc l'angle de A avec Δ vaut 90°. Donc aussi l'angle de B avec Δ vaut 90°.

De même B est orthogonal à Δ'.

Donc B est pp^re aussi au plan P.   C. Q. F. D.

————

Définition. - On dit qu'un assemblage de plus de deux dr. forme un système p^lle dans l'espace quand ces droites sont 2 à 2 p^lles entre elles

Il existe de pareils systèmes.

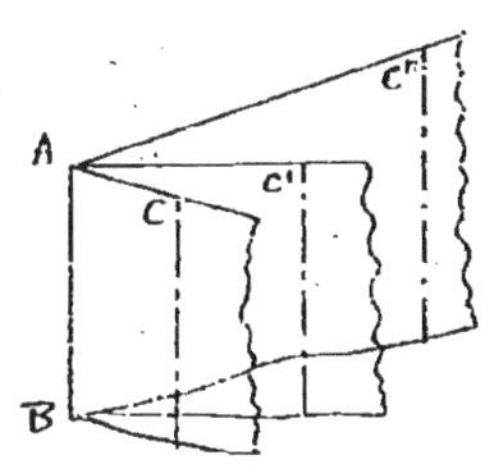

Si par une droite AB, on mène 3 plans et que dans chacun d'eux, on mène une droite p^lle à AB ces 3 droites C, C'C'', non-seulement sont p^lles à AB, mais encore sont 2 à 2 p^lles entre elles

On peut encore en obtenir en s'appuyant sur le théorème suivant

Théorème. – Toutes les droites ppres à un plan, sont plles entre elles

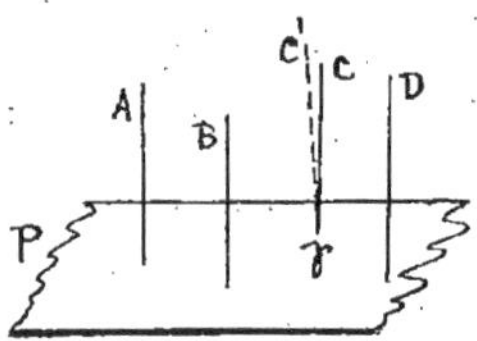

Soient, en effet A, B, C, D 4 droites ppres au plan P. Je dis que A et C par exemple, sont plles.

En effet, si elles ne l'étaient pas, par le pied γ on pourrait toujours mener une plle c' à A, droite qui serait alors différente de C. Mais cette droite c' serait ppre au plan P. (théorème précédent) et alors de γ. partiraient 2 ppres au plan P.

Donc, supposer que C n'est pas plle à A nous conduisant à une impossibilité, nous devons admettre que C est plle à A.

Donc toutes ces ppres au plan P sont plles entre elles C.Q.F.D.

Application aux Projections.

Définition. – La projection d'un point sur un plan est le pied de la ppre menée du pt. sur ce plan.

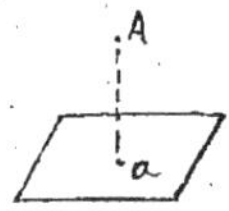

Exemple : a est la projection du point A sur le plan P. La ppre A a s'appelle la projetante du point et le plan P s'appelle le plan de projection

Définition. – On appelle projection d'une courbe, plane ou gauche, sur un plan, le lieu géométrique des projections de tous les points de cette courbe.

Théorème. – La projection d'une droite sur un plan est une droite

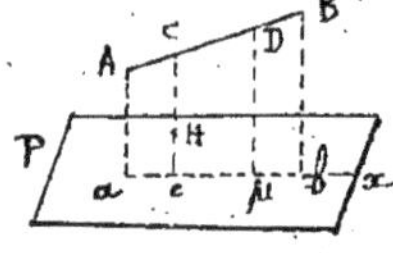

Soit une droite limitée A B située au-dessus d'un plan P. Menons la projetante A a et soit a x l'intersection du plan P avec le

plan BAα (plan qu'on appelle _plan projetant_)

d'abord tous les points de AB se projettent sur αx.

En effet, si par le point C on mène la projetante CH, elle est ppre à P ; donc plle à Aα, donc située dans le plan ombré CAα, donc elle rencontre αx.

Donc la projection de C est sur αx.

Donc tous les points de AB se projettent sur une droite et nulle part ailleurs.

Je dis, d'autre part que si nous considérons les projections extrêmes α et b, un point quelconque μ de cette droite limitée αb est la projection d'un point de la droite AB.

En effet, si par le point μ on mène une plle à Aα, cette plle est dans le plan μAα ; donc rencontre AB, en D par exemple. Or elle est ppre à P. Donc μ est la projection du pt D.

Donc il est clair que les points de la droite AB se projettent tous sur une droite et qu'il n'y a pas un point de cette droite qui ne soit la projection d'un pt de AB.

Donc le lieu des projections est bien la droite αb.

Remarque 1. Les droites obliques à un plan, se projettent toutes en raccourci.

En effet, si on mène la plle AI à αb, la ppre AI est inférieure à AB. Donc aussi αb < AB.

Remarque 2. — Quand la droite rencontre le plan de projection en c, c est à lui-même sa projection. La projection de CD est donc la droite cd.

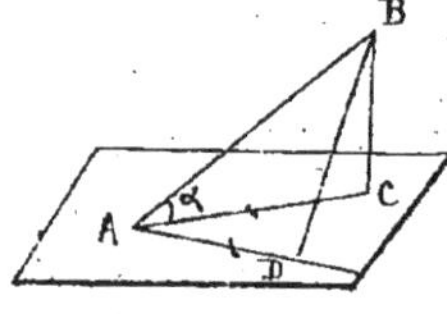

Théorème. — L'angle d'une droite avec sa projection est le plus petit de tous les angles que la droite fait avec une droite passant par son pied dans le plan.

Pour démontrer que $\widehat{BAC}$ est inférieur à $\widehat{BAD}$, nous avons une méthode qui consiste à considérer 2 $\triangle$ ayant 2 côtés égaux et un 3ᵉ inégal. Nous sommes donc conduits naturellement à prendre $AD = AC$, puis à joindre, enfin à démontrer que $BD > BC$.

Or, cela est évident, l'oblique étant plus grande que la pp͞e.

Donc comme dans de pareils $\triangle$, au plus grand côté est opposé le plus grand angle, on aura :

$$\widehat{BAD} > \widehat{BAC}. \qquad C.Q.F.D.$$

Définition. — L'angle d'une droite et d'un plan est l'angle de la droite avec sa projection.

Ainsi l'angle de AB avec le plan P est l'angle $AB\,a$.

C'est un angle minimum.

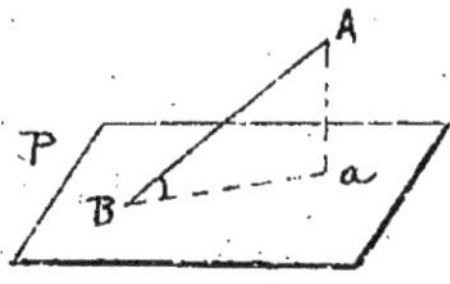

§.4. Droites et plans parallèles.

Nous avons déjà donné la définition et prouvé qu'il existait de pareilles droites en démontrant que si 2 droites sont p^lles, tout plan passant par l'une, est p^lle à l'autre. — Il y a d'autres façons d'en obtenir. — Quel que soit le procédé employé, nous allons établir les propriétés suivantes des droites p^lles aux plans.

Propriété I. quand 1 dr. AB est p^lle à 1 plan P, tout plan passant par la droite, coupe le plan suivant une p^lle à la droite.

En effet si le plan Q passe par AB coupait P suiv^t une dr. CD non p^lle à AB, CD et AB étant situés dans un même plan Q se couperaient; mais alors la droite AB rencontrerait en a point O, le plan P. Ce qui est impossible puisqu'elle lui est p^lle. Donc CD ne peut pas rencontrer AB.

Donc comme CD est déjà dans un plan avec AB, la double condition nécess^re pour le parallélisme de 2 droites est remplie.

Et CD est p^lle à AB

C. Q. F. D.

Propriété II Quand une dr. AB est p^lle à un plan P elle en est partout à égale distance.

En effet, si de 2 pts A et B, on abaisse les p^pes AH et BK, ces p^pes sont p^lles; donc dans un même plan. Donc ce plan coupant P suivant la dr. HK, HK est (à cause de la propriété I) p^lle à AB.

Donc ABHK est un rectangle.

Donc AH = BK

C. Q. F. D.

Propriété III Quand 1 dr est p^lle à 1 plan si par un p^t du plan on mène une p^lle à la dr, elle est toute entière contenue dans le plan

Soit O un p^t du plan. Si nous menons une p^lle à la dr AB par le p^t O, on sait que cette p^lle est située dans le plan OAB mais il coupe P suiv^t une dr. O C p^lle à AB. Donc il faut que la p^lle menée par O à AB soit confondue avec OC (car dans celui de O, dans le plan OAB passeraient 2 p^lles à AB, ce qui est impossible à cause du Postulatum. Donc la p^lle est contenue dans le plan P.

Application: quand 1 dr AB est p^lle à la fois à 2 plans, elle est p^lle à leur intersection CD. Car si d'un p^t O de CD, on mène une p^lle à AB. 1° elle est dans le plan P. 2° ... donc elle est confondue avec leur intersection et réciproquement, l'inters^on p^lle à AB

Application des droites et plans parallèles entre eux

Problème I. Par une droite de l'espace, mener un plan p^{lle} à 1 droite donnée.

Règle. - Par un p^t O de l'une des droites ou même un p^{lle} à l'autre

Le plan ainsi formé est p^{lle} à cette autre (En effet le plan ombré passant par la droite Δ, qui est p^{lle} à Δ, est lui même p^{lle} à Δ.)

Problème II. Par un p^t de l'espace, mener un plan p^{lle} à 2 dr. données dans l'Espace.

Règle. - Par le p^t O, on mène des p^{lles} aux 2 dr. Le plan ainsi formé est le plan demandé.

En effet, ce plan, passant par Δ, est p^{lle} à Δ. - - - - - - - Δ', - - - Δ')

Probl. III. Mener une droite p^{lle} à 1 direction donnée XY et s'appuyant sur 2 dr. données.

Règle. 1° Par un p^t q.c.q O pris sur la dr. A, on mène un p^{lle} O y' à la direction
2° Par le p^t M où la 2e dr. B coupe le plan ombré ainsi formé, on mène un p^{lle} MN. qui est la droite cherchée. En effet cette dr. MN étant p^{lle} à XY (qui est p^{lle} au plan ombré) est tout entière contenue dans ce plan ombré (propriété III). Donc MN rencontre A
Donc MN rencontre à la fois A et B et est p^{lle} à XY.

Problème IV. Mener la p^{pe} commune à 2 droites de l'Espace.

Déf. On dit qu'une droite est p^{pe} commune à 2 dr. non dans un même plan quand elle est p^{pe} à l'une et à l'autre. — Pour prouver qu'il en existe, il suffit évidemment de donner le moyen de la construire.

Supposons le problème résolu et soit RS la p^{pe} commun cherché
1° Étant p^{pe} à A et à B, elle est p^{pe} à la p^{lle} A' et à B, donc au plan ombré; donc elle a une direction p^{lle} à la p^{pe} xy à ce plan
2° Connaissant sa direction, il n'y a plus qu'à mener une dr. p^{lle} à cette direction et s'appuyant sur les 2 dr, données. (problème précédent III).

N.B.. On voit d'après cela qu'il n'y a qu'une seule droite p^{pe} commune à 2 droites distinctes. Cette p^{pe} commune s'appelle encore doivent plus courte distance des 2 droites.

Remarque. - Il n'y a qu'une droite répondant à la question. En effet la dr. cherchée devant s'appuyer sur A et être p^{lle} à XY, est nécessairement:
1° dans le plan passant par A et la p^{lle} X'
Or quand des droites inconnues doivent à la fois être dans 2 plans, elles doivent toutes être confondues avec leur intersection. Et par conséquent, il n'y en a qu'une.

§5. – Plans p^lles

Nous avons déjà défini 2 plans p^lles, et prouvé qu'il en existait en démontrant par l'absurde le théorème suivant :

Th. 1. Deux angles à côtés p^lles sont dans des plans p^lles

Il y a d'autres façons d'en obtenir. En effet :

Théorème 2. Deux plans pp^res à une même droite sont p^lles.

En effet, s'ils se coupaient, d'un point de leur intersection partiraient 2 plans pp^res à une même droite, ce qui est impossible.

Donc nous devons admettre que ces plans sont p^lles. C.q.f.d. ————

N.B. Ce théorème 2 nous fournit une méthode commode pour prouver que 2 plans sont p^lles.

Propriétés des plans p^lles.

1re Propriété. Deux plans p^lles coupés par un 3e donnent des intersections p^lles.	2e Propriété. Si deux plans sont p^lles, toute droite normale(*) à l'un est normale à l'autre.	3e Propriété. 2 Plans p^lles sont partout à égale distance.	4e Propriété. 2 Plans p^lles à un 3e sont p^lles entre eux
(déjà démontré dans les préliminaires – page 8)	Soit AB une droite normale au plan P. Pour démontrer qu'elle est normale au plan il suffit (méthode gén^le) de prouver qu'elle est pp^re à 2 droites de ce pl. Q. Prenons donc dans le plan Q une dr. q.c.q. Δ. Tout plan passant par Δ coupe P suiv^t- q^que p^lle Δ' et AB est orthogonal à Δ, donc à Δ'. Δ' étant une dr. q.c.q. AB est orthogonal à toutes les dr. du plan Q donc pp^re à Q. C.q.f.d.	Menons, en 2 p^ts. Q q.c.q. les normales AH et BK au plan Q. Elles sont p^lles, donc dans un même plan. Dès lors, le plan AHBK coupe les 2 plans suivant des dr. p^lles et AHBK est un pll^gr. Donc AH = BK C.Q.F.D.	Soit R p^lle à P Q — P Pour prouver que R et Q sont p^lles, nous avons une méthode tout indiquée. Prouver que ces 2 plans sont pp^res à une même droite. Nous sommes donc conduits à mener AH pp^re à P par exemple, AH sera pp^re à R (3e propriété), AH sera aussi pp. à Q. Donc P et Q seraient p^lles C.Q.F.D
(*) On dit qu'une droite est normale à un plan quand elle lui est pp^re.			

Théorème. — Trois plans p^{lles} déterminent sur 2 dr. de l'Espace, des segments proportionnels.

Soient X et Y 2 droites non p^{lles} placées n'importe comment dans l'Espace. Si par la trace A, on mène la par^{le} à y', le plan ainsi formé détermine deux sections p^{lles} Bβ et Cγ et on a :

$$\frac{AB}{BC} = \frac{A\beta}{\beta\gamma} \quad (1)$$

mais le plan yy' βγ donne 3 autres sections p^{lles}, AD, βE, γF. Donc Aβ = DE ; βγ = EF ; par conséquent la relation (1) peut s'écrire :

$$\frac{AB}{BC} = \frac{DE}{EF} \qquad C.Q.F.D.$$

Remarque. — Dans la figure, les 5 points A, B, C, D, β peuvent seuls être pris au hasard.

Lieu géométrique

Le lieu des droites p^{lles} à un plan menées par un point extérieur est un plan p^{lle}.

Méthode analytique. — Soit AB, un dr. p^{lle} au plan P.

Pour trouver le lieu de toutes les droites p^{lles} analogues à AB, nous allons, comme toujours en utilisant l'hypothèse, transformer la propriété de la droite en une autre, nouvelle, telle que le lieu devienne évident en se ramenant à un lieu connu.

La droite AB est p^{lle} au plan P.

Je dis qu'elle est pp^{re} à la normale AH.

En effet, le plan BAH coupe P suivant une droite HB' p^{lle} à AB.

Or HB' est pp.re à AH. Donc sa p.lle AB, l'est aussi.

Dès lors le lieu des p.lles AB se ramène au lieu des pp.res menées à une droite AH en un point, ce lieu est connu; c'est le plan Q pp.re à la droite AH au point A. D'ailleurs une droite

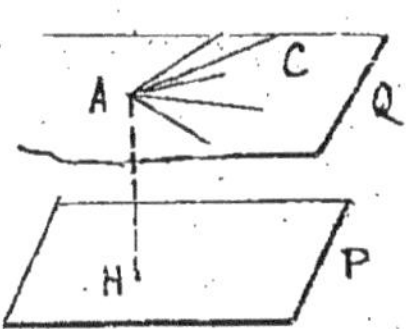

q.c.q. AC prise dans le plan Q étant pp.re à AH est p.lle au plan P. Donc il n'y a pas un point du plan Q que ne décrive la p.lle au plan P quand elle tourne de A.

Donc le lieu décrit est le plan tout entier.

Remarque. — Si l'on avait voulu démontrer le lieu précédent par la méthode synthétique (ou de vérification) on aurait pris le plan p.lle Q passant par A et on aurait eu à démontrer : 1° que toutes les droites AB de ce plan Q sont p.lles au plan P.

2° qu'une droite AC prise en dehors du plan ne peut être p.lle au plan P.

---

§.6. Système de 2 Plans sécants ou (angles dièdres)

On appelle Angle dièdre la figure formée par 2 plans qui se coupent; ces plans étant limités à leur intersection.

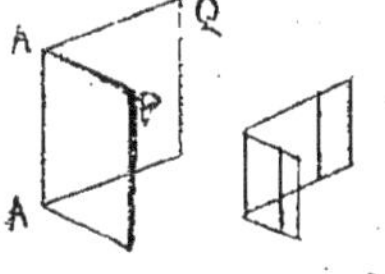

L'intersection s'appelle l'arête du dièdre
Les plans en sont les faces
Les faces sont donc indéfinies, mais d'un côté seulement de l'arête.

Un dièdre se désigne par 4 lettres comme il suit. PABQ; parfois cependant, on se contente de l'appeler AB, et on dit le dièdre AB. ou le dièdre PQ. — Les angles dièdres sont des grandeurs répondant à l'idée d'écartement de deux plans.

Définition. — On appelle _Angle plan_ ou _angle rectiligne_ ou simplement _rectiligne_ d'un dièdre, l'angle plan obtenu en menant par un point O q.c.q. pris sur l'arête des pp^{res} à l'arête dans chaque face. Exemple. $\widehat{HOK}$.

Quel que soit le point choisi, le rectiligne est toujours le même. Car 2 angles à côtés p^{les} sont égaux. —

Le plan d'un rectiligne est évidem^t pp^{re} à l'arête.

On peut donc dire que le rectiligne est l'angle plan obtenu en coupant le dièdre par un plan pp^{re} à l'arête.

Il y a une relation intime entre un dièdre et son rectiligne, aussi l'étude des dièdres se ramènera-t-elle constamment à l'étude des angles plans.

Les théorèmes suivants vont le prouver du reste.

Th. I. _Quand 2 dièdres sont Égaux, leurs Rectilignes sont Égaux._

Soient 2 dièdres égaux PQ et P'Q'. Je dis que leurs rectilignes HOK et H'O'K' sont égaux.

En effet les 2 dièdres étant égaux par hypothèse, c.à.d. superposables, si nous appliquons A'B' sur A B, P et P' d'une part, Q et Q' de l'autre coïncideront d'eux-mêmes.

Mais on peut évidemment faire glisser A'B' le long de AB de façon à amener le point O' à la hauteur du point O, et alors O'H' coïncidera forcément avec OK puisque d'un point O dans un plan, ne part qu'une seule pp^{re}.

Donc les rectilignes coïncident.

C.Q.F.D.

Th. 2. _Quand 2 angles rectilignes sont Égaux, les dièdres sont Égaux._

Soient dans les 2 dièdres PQ et P'Q'
$$HOK = H'O'K'$$
Si nous supposons par la pensée, ces deux angles rectilignes, il est clair que A'B' étant pp^{re} à HOK sera devenu pp^{re} à HOK. Dès lors A'B' devra coïncider avec la pp^{re} AB (car sans cela de O, partiraient 2 pp^{res} au plan HOK. Mais alors les 2 faces P' et P ayant 2 droites confondues, à savoir:

O'H' et OH d'une part —
A'B' et AB d'autre part —

seront 2 plans confondus.

Idem pour les 2 faces Q et Q'.

Donc les 2 dièdres ne peuvent pas ne pas coïncider. Donc ils sont Égaux.

Ce théorème nous fournit une méthode p^r prouver que 2 dièdres sont Égaux. Il suffit de prouver que leurs rectilignes sont égaux.

Définition. On dit que 2 dièdres sont adjacents quand ils ont une arête et une face commune.

Exemple : PABQ et PABR.

Th. 1. — Quand deux dièdres sont adjacents, leurs rectilignes sont adjacents

En effet, si nous menons les rectilignes HOK et KOI, ces 3 dr. OH, OK, OI, sont dans un même plan pp. à AB. Donc, ayant un côté commun OK, ces rectilignes satisfont à la définition donnée en géométrie plane des angles adjacents.

C.Q.F.D.

Th. 2. — Quand, dans 2 dièdres les rectilignes sont adjacents, les dièdres sont adjacents.

Supposons que dans 2 dièdres inconnus, les angles rectilignes HOK et KOI soient dans un même plan et y soient adjacents, c.à.d. aient un côté commun OK.

L'arête X du dièdre qui a pour rectiligne HOK devant être pp^re à OH et à OK sera pp^re au plan HOK.

L'arête Y du dièdre qui a pour rectiligne KOI sera aussi pp^re à ce plan KOI. Donc ces 2 arêtes sont confondues. Donc les dièdres ont même arête X. Ayant alors une face commune XOK, ces dièdres seront adjacents.

C.Q.F.D.

Théorème. — Le rapport de 2 angles dièdres est égal au rapport de leurs rectilignes

Nous savons (page 79 de la géométrie plane) que pour évaluer le rapport de 2 angles HAK et H'A'K', on prend une commune mesure, regardant ensuite combien de fois elle est contenue dans l'un et dans l'autre, et divisant entre eux les 2 nombres obtenus.

Supposons donc que la commune mesure soit $\widehat{HAI}$, contenue 2 fois dans HAK et 5 fois dans $\widehat{H'A'K'}$. Le rapport des angles sera le nombre $\frac{2}{5}$.

Or, si, par les droites de division et l'arête, ou même des plans, on décompose les 2 dièdres PQ et P'Q' en 2 puis en 5 dièdres et tous ces dièdres sont égaux. Car leurs rectilignes sont précisément HAI, IAK, H'A'R', R'A'S' etc. (puisque toutes ces droites sont pp^{les} aux arêtes.).

Donc le dièdre commune mesure entre PQ et P'Q' est PABI, et il est contenu 2 fois dans PQ et 5 fois dans P'Q'.

Par conséquent le rapport des dièdres est aussi le nombre $\frac{2}{5}$. On a donc le droit d'écrire : $\dfrac{\text{dièdre PQ}}{\text{dièdre P'Q'}} = \dfrac{\text{angle HAK}}{\text{angle H'A'K'}}$ C.Q.F.D.

Mesure d'un Angle dièdre donné.

Les géomètres sont d'accord pour prendre pour principale unité d'angle dièdre le dièdre ayant pour rectiligne l'unité d'angle plan, c.à.d. le degré. Et ce dièdre s'appelle __dièdre de 1 degré__. Il se subdivise en 60 dièdres de 1 minute — le dièdre de 1 minute valant à son tour 60 dièdres de 1 seconde.

Grâce à cette convention, on peut énoncer le théorème suivant :
__Théorème fondamental__   L'angle dièdre a même mesure que son rectiligne.

Soit à mesurer le dièdre PABQ.

On sait que le nombre qui mesure une grandeur est un rapport, son rapport à la grandeur unité (géo. plane, page 78)

Soit donc RS le dièdre unité, c.à.d., d'après la convention, le dièdre qui a pour rectiligne l'angle $\alpha O\beta$ de 1°.

D'après le théorème précédent, le rapport $\dfrac{PQ}{RS}$ des 2 dièdres est égal au rapport $\dfrac{HAK}{\alpha O\beta}$ de ses 2 rectilignes.

Mais on sait (page 82 de la géométrie plane) que le rapport $\dfrac{HAK}{\alpha O\beta}$, évalué en nombre, à l'aide de la commune mesure, est précisément le nombre abstrait qui mesure l'angle HAK.

Le rapport $\dfrac{PQ}{RS}$ étant, d'un autre côté, pour la même raison quand on l'a évalué en nombre, le nombre qui mesure le dièdre, on voit donc clairement que le nombre entier ou fractionnaire qui mesure le dièdre PQ est le même que le nombre entier ou fractionnaire qui mesure le rectiligne HAK.

Donc tout dièdre et son rectiligne ont même mesure.

Ce qu'on exprime en disant que le dièdre a pour mesure son rectiligne. C. Q. F. D.

Exemple. Supposons que le rapport $\dfrac{HAK}{\alpha O\beta}$ soit égal à $\dfrac{5}{2}$

Cela voudra dire que $\widehat{HAK}$ vaut les $\dfrac{5}{2}$ de son unité, ou encore que $\widehat{HAK}$ a pour mesure $\dfrac{5}{2}$.

Et alors le dièdre PQ valant les $\dfrac{5}{2}$ du dièdre unité, sera mesuré par le nombre $\dfrac{5}{2}$.

De même si HAK contient 128 fois l'angle unité c.à.d. vaut 128°, le dièdre PQ contenant 128 fois le dièdre unité, sera un dièdre de 128°.

N.B. On pourra dans le même ordre d'idées trouver qu'un dièdre vaut 48°50'40", mais cette mesure n'aura pas pu être trouvée pratiquement avec le rapporteur qui ne donne que des degrés et des $\frac{1}{2}$ degrés.

Elle sera le résultat d'un calcul numérique.

§. 7. Des angles dièdres droits ou Plans pp⁻ˢ

Définition. On dit qu'un dièdre est droit quand, en prolongeant l'une des faces au delà de l'arête, on obtient 2 dièdres adjacents égaux.

On dit alors que les faces sont perpendiculaires entre elles.

Il existe des plans perpendiculaires

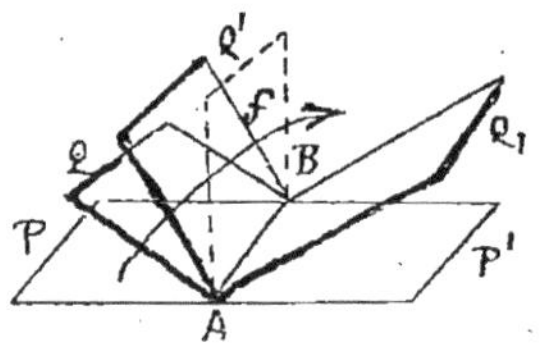

En effet, si un plan Q passant par AB, d'abord appliqué sur P, tourne autour de AB dans le sens f, le dièdre PQ de gauche est d'abord inférieur au dièdre QP' de droite. Quand il est venu en Q₁, dans le voisinage de P', le dièdre de gauche est devenu le plus grand.

Donc il y a forcément un moment où les 2 dièdres ont dû être égaux et alors dans la position Q' le plan Q' est pp⁻ au plan P.

Il est évident, du reste, que le plan pp⁻ obtenu de cette façon, par la rotation, est unique.

N.B. Il y a probablement d'autres façons de mener en Q' par la droite AB, du plan P, un plan pp⁻ à ce plan. Mais quel que soit le nouveau procédé employé, il est clair que l'on ne pourra jamais trouver un plan pp⁻ différent du 1ᵉʳ Q'.

En effet tout plan passant par AB, serait ou à droite ou à gauche de Q', et alors l'un des dièdres serait inférieur et l'autre supérieur à 1 dièdre droit, Donc ces deux dièdres ne pourraient être égaux.

Théorème I. _Quand un dièdre est droit, son rectiligne est droit._

Soit le dièdre droit $PABQ$. Prenons son rectiligne HOK.

Je dis qu'il est droit —.

En effet, si nous prolongeons le plan en Q', dièdre PQ' = dièdre PQ. Donc leurs rectilignes HOK et HOK' sont égaux.

Mais OK' étant pp^{re} à AB (dans le plan Q') est le prolongement de OK. Donc est dans le plan HOK.

Mais alors les deux rectilignes étant deux angles situés dans le même plan, adjacents et égaux, sont des angles droits.

Et en particulier le rectiligne HOK du dièdre droit PQ est droit.

Th. II. _Quand le rectiligne d'un dièdre est droit, le dièdre est droit._

Soit HOK un angle droit rectiligne d'un dièdre. L'arête étant pp^{re} au plan HOK, si nous l'appelons AB, les faces du dièdre seront ABH et ABK.

Or, si nous prolongeons OK en OK' les angles HOK' et HOK seront égaux. Donc les dièdres $K'ABH$ et $KABH$ sont égaux, puisque leurs rectilignes le sont. Donc le plan $HABK$ est bien tel que prolongé au delà de l'arête, on a un dièdre adjacent égal. Donc le dièdre $HABK$ est droit.

Il résulte du théorème II une méthode précieuse pour résoudre ce problème qui se présente souvent : _Prouver que 2 plans sont pp^{res}_

Méthode : _Pour prouver que 2 plans sont pp^{res}, on forme le rectiligne et on démontre qu'il est droit._

Nous avons indiqué un moyen d'obtenir par rotation deux plans pp^{res}.

Le théorème suivant nous donne une 2ᵉ façon d'obtenir

des plans pp^res.

__Théorème. — Tout plan passant par une droite pp^re à un plan est pp^re à ce plan.__

Soit AB une droite pp^re à un plan P.

Par AB, menons un plan q.c.q. Q.

Pour montrer que les 2 plans P et Q sont pp^res employons la méthode générale indiquée (c.à.d formons le rectiligne et prouvons qu'il est droit)

Menons donc dans le plan P la droite BH pp^re à l'arête CD.

ABH est le rectiligne. Or il est droit, puisque AB est pp^re au plan P. Donc Q est pp^re à P.   C.Q.F.D.

Propriété I. Étant donné un dièdre droit, toute droite menée dans l'une des faces pp^re à l'arête, est pp^re à l'autre face.	Propriété II — Étant donné un dièdre droit, si d'un point O pris dans l'une des faces Q, on même une pp^re OI à l'autre face P, elle est tout entière contenue dans la 1ere	Propriété III. quand 2 plans sont pp^res à un 3e leur intersection l'est aussi.
Soit PQ un dièdre droit. Soit CD une droite située dans la face Q pp^re à l'arête AB.	En effet du pt. O situé dans la face Q on peut toujours mener une droite OK pp^re à l'arête AB et cette pp^re est (d'après la propriété précédente) pp^re à la 2e face P.	Soient Q et R 2 plans pp^res au plan P. Je dis que leur intersection l'est aussi.
Pour démontrer que CD est pp^re à la 2e face P, il suffit (méthode générale) de prouver que CD est pp^re à 2 droites de ce plan P. Il l'est déjà par hypothèse à la droite AB. Mais il l'est aussi à la pp^re DH menée par D dans le pl. P à l'arête (car CDH rectiligne du dièdre droit PQ, est lui-même droit. Donc CD est pp^re au plan P. C.Q.F.D.	Donc il faut que la pp^re OI soit confondue avec OK. Car sans cela, du pt O, par tirant 2 droites OI et OK pp^res au plan P. Donc OI devant être confondue en une droite OK du plan Q est située dans ce plan Q. C.Q.F.D.	La méthode générale est ici en défaut, mais on arrive au théorème comme il suit: D'un point A de l'intersection imaginons que l'on mène une normale au plan P. D'après la propriété II, elle sera contenue dans le plan Q (puisque PQ est droit), elle sera aussi dans le plan R (puisque PR est droit) Donc cette normale est confondue avec l'intersection Et réciproquement l'intersection est normale au plan P. C.Q.F.D.

§.8. Angles trièdres. — Notions sommaires.

Déf. On appelle <u>Angle trièdre</u>, la figure formée par 3 plans qui ont un point commun [*], chacun de ces plans étant limité à ses droites d'intersection avec les 2 autres.

On peut encore dire que le trièdre est la figure formée par 3 demi droites issues d'un même point. Exemple : S A B C

Les 3 plans s'appellent les <u>faces</u> du trièdre. Elles sont indéfinies.

Les <u>dièdres</u> d'un trièdre sont des 3 dièdres formés par les faces.

Les faces d'un trièdre étant des angles, nous les figurerons toujours par 3 arcs de cercle, ainsi que le montre la figure, et nous désignerons, pour abréger, ces faces, évaluées en degrés, minutes et secondes, par α, β, γ. α désignant la face opposée à l'arête SA

$$\beta \underline{\qquad} d° \underline{\qquad} d° \underline{\qquad} SB$$
$$\gamma \underline{\qquad} d° \underline{\qquad} d° \underline{\qquad} SC$$

Déf. On appelle <u>Angle polyèdre</u> (ou encore quelquefois angle solide) la figure formée par plus de 3 demi droites issues d'un même point. Exemple SABCD

On dit qu'un angle polyèdre est convexe quand il est tout entier d'un même côté de l'une quelconque de ses faces, prolongée.

[*] Il est facile de voir que quand 2 plans P et Q ont un p^t commun O, ils en ont une infinité. Joignons en effet le point commun O à 2 points A et B du plan Q, points extérieurs au plan P, l'un au-dessus l'autre au-dessous. La droite AB joignant 2 points situés de part et d'autre de P, traverse évidemment la plan P en un point O'. AB étant une droite du plan Q, O' est aussi dans le plan Q. Donc les 2 plans P et Q ont un 2^d p^t commun O'. Et dès lors ils en ont une infinité, puisque la droite OO' est à la fois dans le plan P et dans le plan Q.

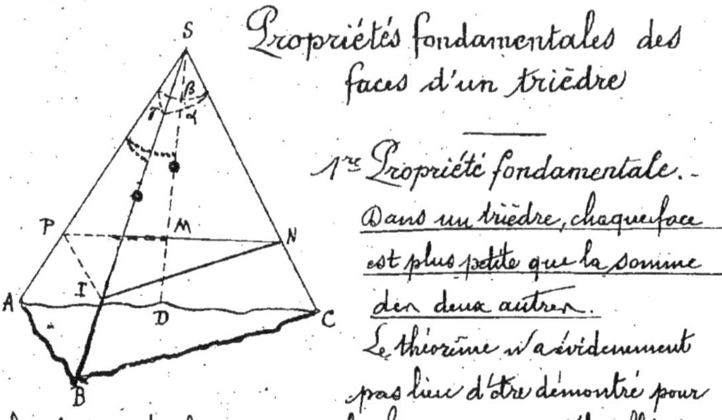

Propriétés fondamentales des faces d'un trièdre

1ʳᵉ Propriété fondamentale. –

Dans un trièdre, chaque face est plus petite que la somme des deux autres.

Le théorème n'a évidemment pas lieu d'être démontré pour la plus petite face et pour la face moyenne. Il suffit donc de le prouver pour la plus grande face. Supposons qu'elle soit β et que β soit situé dans le plan du tableau, l'arête SB étant en avant.

Pour prouver que l'on a :

$$\widehat{ASC} < \widehat{ASB} + \widehat{BSC},$$

Un procédé bien naturel consiste à porter l'angle ASB sur l'angle plus grand ASC et à prouver que l'angle restant CSD est inférieur à $\widehat{BSC}$.

Or, nous avons indiqué une méthode, dans la géométrie plane, page 18 pour prouver qu'un angle est inférieur à un autre ; Cette méthode consiste à faire entrer ces angles dans 2 $\triangle$ ayant 2 côtés égaux et le 3ᵉ inégal.

D'après cela 1° menons au hasard une droite M N qui coupe DSC ; 2° prenons sur SB , SI = SM. et joignons IN .
Tout sera fini si on prouve que MN < IN.
Or, cela est facile . car si on prolonge N M en P , on a :

$$NP < NI + IP , \text{c.à.d.} \ NM + MP < NI + PI \quad (1)$$

Mais MP = PI (car les $\triangle$ SPM et SPI sont égaux)
L'inégalité (1) peut donc s'écrire $\ NM < NI$
et le théorème est démontré. \qquad C. Q. F. D.

<u>Propriété II</u>. <u>Dans un trièdre, la somme des faces est plus petite que 4 droites</u>

Désignons encore par α, β, γ les nombres qui mesurent, en degrés, minutes et secondes, les 3 faces.

Pour prouver que $\alpha + \beta + \gamma < 360°$, prolongeons l'arête SA au-delà du sommet en SA'

Nous formons ainsi un trièdre $SA'BC$ dont les faces seront α, $180° - \gamma$, $180° - \beta$

Si nous considérons la face α commune aux 2 trièdres, on aura

$$\alpha < 180° - \gamma + 180° - \beta$$

c. à. d. $\quad \alpha + \beta + \gamma < 360°$ \quad C.Q.F.D.

Remarque. - Les 2 figures suivantes nous montrent que la somme des faces peut devenir excessivement petite de même qu'elle peut devenir aussi voisine de 4 droites qu'on veut.

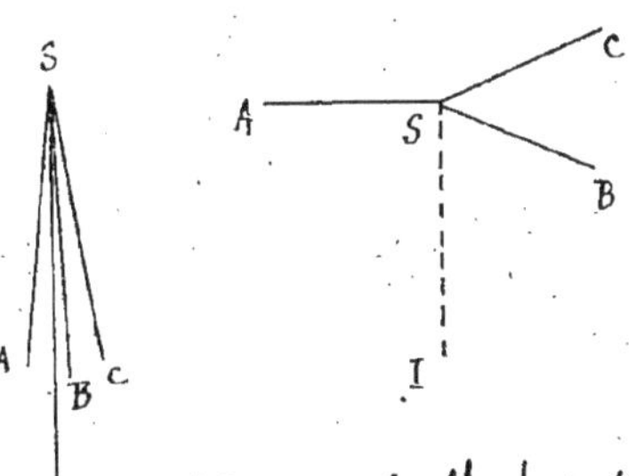

N.B. Quand elle devient égale à 4 droites, on ne peut plus dire qu'il y a un trièdre puisque les 3 arêtes sont dans un même plan.

Définition. - On dit qu'un <u>trièdre est trirectangle</u> quand les 3 faces qui le constituent valent chacune 90°.

Quand on coupe un trièdre trirectangle par un plan sécant quelconque, il existe entre la section et les faces une relation qui est une belle généralisation du théorème de Pythagore et qui se démontre absolument comme on l'a fait dans le 3ᵉ livre.

Propriété I. Si on projette le sommet d'un trièdre trirectangle sur la section, cette projection du sommet est le point de rencontre des 3 hauteurs du Δ de section

Je dis que CO est pp^re à AB.
Ayant à démontrer que
2 droites AB et CO
sont orthogonales,
il y a lieu d'appliquer
la méthode générale indiquée page 17
Tâchons donc de prouver que AB est pp^re au plan COS. 1° CS est orthogonal à AB (puisque CS est pp^re à SA et à SB, donc au plan SAB, donc à AB). 2° SO est orthogonal à AB (puisque SO est pp^re au plan ABC, donc à AB). Dès lors, AB étant orthogonal à CS et à SO est pp^re au plan COS donc à CO. donc CO est hauteur. On prouverait de même que AO et BO sont les 2 autres hauteurs.
Donc la projection O du sommet se fait bien au point de concours des hauteurs de la section

Propriété II. L'aire de chaque face (telle que SAB) est moyenne propor^le entre la section et sa projection sur cette section

Je dis que l'on a : $\overline{SAB}^2 = ABC \times OAB$
Il suffit pour cela de prouver que
$$\left(\tfrac{1}{2} AB \times SH\right)^2 = \left(\tfrac{1}{2} AB \times CH\right) \times \left(\tfrac{1}{2} AB \times OH\right)$$
c. à. d. que $\overline{SH}^2 = CH \times OH$
or cela est évident car le Δ CSH est rectangle en S et le côté de l'angle droit SH est moy^ne prop^le entre l'hypoténuse CH et sa projection OH ; Donc la propriété II est établie.   C. Q. F. D.

Propriété III. Le carré de la section d'un trièdre trirectangle est égal à la somme des carrés des 3 faces.

En effet on a : $\overline{SAB}^2 = ABC \times ABO$
$$\overline{SBC}^2 = ABC \times OBC$$
$$\overline{SCA}^2 = ABC \times OCA$$
On en tire:
$$\overline{SAB}^2 + \overline{SBC}^2 + \overline{SCA}^2 =$$
$$= ABC(ABO + OBC + OCA) =$$
$$= ABC \times ABC = \overline{ABC}^2$$
c q f d.

N.B. Les analogies entre les trièdres et les triangles pourraient se poursuivre beaucoup plus loin

Théorème final. — <u>Dans un angle polyèdre convexe, la somme des faces est inférieure à 4 angles droits</u>

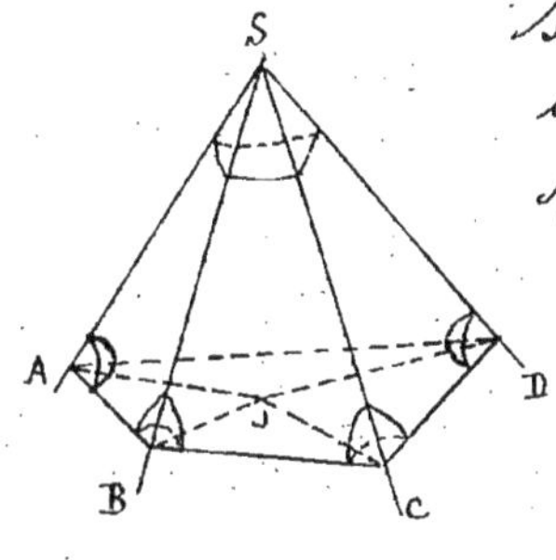

Soit l'angle solide SABC. Coupons-le par un plan et joignons les sommets du polygone formé à un point quelconque o pris dans son plan.

Nous formons ainsi autant de $\triangle$ autour du point o qu'il y en a autour du point S.

Si donc nous désignons par B_o et B_S la somme des angles à la base des $\triangle o$ et des $\triangle S$; $\mathcal{E}_S$ et $\mathcal{E}_o$ désignant la somme des angles autour du point S et autour du point o, on aura.

$$B_S + \mathcal{E}_S = B_o + \mathcal{E}_o$$

c. à. d. puisque $\mathcal{E}_o = 4$ droits :

$$B_S + \mathcal{E}_S = B_o + 4 \text{ droits}$$

Cette égalité nous montre que pour prouver que $\mathcal{E}_S$ est inférieur à 4 droits, il suffit de prouver que B_S est supérieur à B_o.

(Car alors il y aura compensation)

Or B_S est $> B_o$ [Il suffit de considérer les angles trièdres A, B, C, D et d'appliquer à chacun la propriété fondamentale I, puis d'ajouter membre à membre toutes les inégalités :

$$SAB + SAD < DAB$$
$$SBA + SBC < ABC$$

Donc on a bien $\mathcal{E}_S < 4$ droits   C. Q. F. D

Tableau synoptique résumé du 5e Livre

<table>
<tr>
<td>1. Généralités et angle de 2 droites</td>
<td>2.- Droite et plan perpendiculaires</td>
<td>3.- Droites p^{lles}</td>
<td>4.- Droite et plans p^{lles}</td>
<td>5. Plans p^{lles}</td>
<td>6.- Angles dièdres (q.c.q)</td>
<td>7. Dièdres droits (ou plans perp^{res})</td>
<td>8. Angles trièdres</td>
</tr>
</table>

Définition du Plan.

Par 3 points non en ligne droite passe un plan et un seul

Déf. de 2 plans distincts (2 p^{ts} communs et 1 p^t non commun)

L'intersection de 2 plans distincts est une ligne droite unique.

Déf. de la droite menée par un p^t parall^t à une dr. donnée Δ

Il n'y a par conséquent qu'une seule p^{lle}

Définit. de droite p^{lle} à un plan

Il en existe ⸱ Car si 2 dr. sont p^{lles} tout plan passant par l'une est p^{lle} à l'autre droite

Définit. de 2 plans p^{lles}

Il en existe ⸱ Car 2 angles de l'espace qui ont leurs côtés 2 à 2 p^{lles} sont dans 2 plans p^{lles}   (dém^{on} par l'absurde)

Propriété   2 Plans p^{lles} coupés par un 3e donnent des int^{ons} p^{lles}   (dém^{on} par l'absurde)

Théorème ⸱ Par un point de l'espace, ne passe qu'un seul plan p^{lle} à un plan donné   (dém^{on} par l'absurde)

Th. fondam. I ⸱ 2 dr. p^{lles} à une 3e sont p^{lles} entre elles

Th. fond. II ⸱ 2 angles de l'espace à côtés p^{lles} sont égaux entre eux   (dém^{on} par la méthode des Δ égaux)

Définition de l'angle de 2 droites de l'espace qui ne se coupent pas
N.B. Cet angle est le même q.q soit le point choisi (à cause du th. fond. II)
Définit. de 2 droites orthogonales

§.2. – Droites et Plans perpend.^{res}

Déf. de dr. pp^{re} à un plan. (dr. pp^{re} aussi bien aux dr. passant par son pied qu'à celles n'y passant pas)

Il existe de pareilles droites. Car :

Th^e Si 1 dr. est pp^{re} à 2 droites passant par son pied dans un plan

1° elle est pp^{re} à toute droite du plan passant par son pied (méthode du △ isocèle)

2° elle est pp^{re} à une droite q.c.q. du plan ne passant pas par le pied

Th. réciproque. – Si 1 droite est orthogonale à 2 dr. ne passant par par son pied,

elle est encore pp^{re} au plan

d'où méthode générale pour prouver qu'une dr. est pp^{re} à un plan (on prouve
qu'elle est pp^{re} à 2 dr. q. x. q. de ce plan)
méthode générale p^{re} prouver qu'une dr. est pp^{re} à une dr. de l'espace (ou prouve que
l'une est pp^{re} à un plan passant par l'autre)

Probl. I. d'un p^t O mener un plan pp^{re} à 1 droite. Il n'y en a qu'un seul (p^r l'absurde)

Probl. II. – d'un p^t O mener 1 dr. pp^{re} à un plan. (Il n'y en a qu'une (par l'absurde))

Lieu géom^e des dr. menées par 1 p^t d'une dr. pp^{re} à cette droite. (c'est un plan pp^{re})

Propriétés des pp^{res} et Obliques. 2 Réciproques

Th. des 3 pp^{es}

I. Lieu géom^e des points également distants de 2 points

II. ———————————————————— 3 points

III. ——————— des pieds des obliques égales (Circonf^{ce})

---

§.3. Droites p^{les} dans l'Espace

Définit. d'un système de n droites p^{les} dans l'espace

Il en existe

Théorème. – Quand 2 droites sont p^{les}, tout plan pp^{re} à l'une est pp^{re} à l'autre

Th. Quand n dr. sont pp^{res} à un plan, elles sont p^{les} (dém^{on} par l'absurde)

Théor. La projection d'une droite sur un plan est une droite

Déf. Angle d'une droite avec un plan (angle avec sa projection)

Cet angle est un angle minimum

---

§ 4. Droites et Plans pⁿˡˡᵉˢ —

Défin. (Voir §.1). Il en existe (§.1. page   )

Propriétés. 1° Tout plan passant par la droite, coupe le plan (dém^{on} par l'absurde)
suivant une pⁿˡˡᵉ à la droite.

2° La droite est partout à égale distance du plan   (car rectangle)

3° Quand 1 dr. est pⁿˡˡᵉ à un plan, si par un pt. o du plan, on mène une pⁿˡˡᵉ à la dr. elle est dans le plan

4° Quand 1 dr. est pⁿˡˡᵉ à 2 plans, elle est pⁿˡˡᵉ à leur intersection.

Probl. I. Par une dr. mener un plan pⁿˡˡᵉ à une 2e dr.

Probl. II. Par un pt. mener un plan pⁿˡˡᵉ à 2 dr.

Probl. III. Mener une dr. pⁿˡˡᵉ à 1 direction donnée s'appuyant sur 2 dr. données (Il n'y en a qu'une)

Probl. IV. Construire la ppⁿˡᵉ commune à 2 droites (ou pl. courte distance)   1° on cherche la direction   2° ——————— position

§ 5. Plans pⁿˡˡᵉˢ —

Définit. (voir §1 page   )   Il en existe (voir §1 page   )

Propriétés 1° 2 Plans pⁿˡˡᵉˢ coupés par un 3e donnent des Int^{ons} pⁿˡˡᵉˢ (voir §1. page   )

2° Toute droite ppⁿˡᵉ à l'un est ppⁿˡᵉ à l'autre (on applique la méthode générale)

3° 2 Plans pⁿˡˡᵉˢ sont partout à même dist^{ce} (car rectangle)

4° 3 Plans pⁿˡˡᵉˢ déterminent sur 2 droites des segments proportionnels

Lieu géométrique des droites pⁿˡˡᵉˢ à un plan menées par un point donné o (En pⁿˡˡᵉ) (se ramène à un lieu connu en transformant)

§ 6 Angles dièdres q.c.q.

Définit. Définit. de l'angle rectiligne. Il est le même pour tous les points de l'arête

Th. Si 2 dièdres égaux, les rectilignes sont égaux

Th. Si 2 rectilignes égaux, les dièdres sont égaux (par superposition)

D'où méthode pour prouver que 2 dièdres sont égaux.

Mesure de l'angle dièdre (le dièdre unité étant celui qui correspond à l'angle plan unité, c.à.d. au degré)

Lemme. — Le rapport de 2 dièdres est égal au rapport de leurs angles plans

Théor. Le dièdre a même mesure que son rectiligne.

---

§ 7. Dièdres droits et plans parallèles

Définition du dièdre droit ou du plan pp^{re} à un autre

Il en existe (on le voit par rotation) Par la droite AB il y en a qu'un seul

Th. Si 2 dièdres sont adjacents, les rectilignes sont adjacents

Th. Si 1 dièdre est droit, son rectiligne est droit

d'où méthode pour prouver qu'un dièdre est droit (ou que 2 plans sont pp^{res})

[on forme le rectiligne et on voit s'il est droit].

Th. Si 1 dr. est pp^{re} à un plan, tout plan qui y passe est pp^{re} à ce plan.

d'où nouvelle méthode pour voir si 2 plans sont pp^{res} (on prouve qu'elle renferme une dr. pp^{re})

Propriétés des dièdres droits 1° Toute droite menée dans une face pp^{te} à l'arête est pp^{te} à l'autre face

2° Tout pp^{e} à 1 face passant par 1 p^{t} de l'autre face est entièrement située dans cette face

3° Toute dr. pp^{e} à un plan est p^{ls} à tout plan pp^{re} à cette face (par l'absurde)

4° 2 plans pp^{e} à un 3e ont leur inters.^{on} pp^{e} à ce 3e.

---

§ 8._ Angles trièdres

Définit. Propriété I. Chaque face < Somme des 2 autres

Propriété II. Somme des faces < 4 droits $\alpha < 180 - \beta + 180 - \gamma$

Propriétés du trièdre trirectangle (I. Le sommet se projette au p^{t} de rencontre des 3 hauteurs de la section

II. Chaque face SAB est moy.prop^{le} entre ABC et sa projection AB

III. Le carré de la section = Σ des carrés des 3 faces (généralisation du th. de Pythagore)

Dans tout angle polyèdre la Σ des faces est < 4 droits

6ᵉ Livre

Des Polyèdres.

Déf. — On appelle Polyèdre un corps solide limité de toutes parts par des surfaces planes.

Ces surfaces s'appellent les _faces_ du Polyèdre, et les droites suivant lesquelles se coupent les faces, s'appellent les _arêtes_ du polyèdre.

Il y a un très-grand nombre de polyèdres. nous nous contenterons ici d'étudier les _Prismes_ et les _Pyramides_

Du Prisme.

Déf. — On Appelle Prisme, un solide limité d'une part par des parallélogrammes, d'autre part par des polygones égaux à côtés p^{lles}

Il existe de pareils solides.

Car il suffit de prendre un polygone quelconque, de mener par ses sommets, des droites p^{lles}, et de couper par un plan p^{lle} au polygone primitif

En effet, 1° 2 plans p^{lles} coupés par un 3ᵉ donnant des intersections p^{lles}, on voit que A'B' est p^{lle} à AB. Donc les faces ABA'B', CDC'D', etc. sont des parallélogrammes.

2° A'B' étant égal à AB et B'C' à BC etc......

le polygone A'B'C'D' a des côtés égaux à ceux du polygone primitif. De plus les angles sont égaux 2 à 2 (puisque 2 angles à côtés p^{lles} sont égaux) Donc les 2 polygones p^{lles} sont égaux.

Donc on a bien constitué de la sorte un solide satisfaisant à la définition

Tout prisme a 2 bases qui sont les 2 polygones plans des bases sont égaux.	On appelle faces latérales du prisme les faces parallélogrammiques	On appelle hauteur d'un prisme la distance des 2 plans de base

Un prisme est dit droit ou oblique selon que ses arêtes latérales sont ppes ou non à la base.

Selon que la base est un triangle, un quadrilatère, un pentagone, un décagone......., le prisme est dit triangulaire, quadrangulaire, pentagonal, décagonal, etc.....

On appelle section droite d'un prisme oblique, la section par un plan ppe à l'arête latérale. Exemple MNPQ est la section droite

On dit enfin qu'un prisme polygonal est régulier quand, étant droit, sa base est en outre, un polygone régulier.

Propriétés générales

1re propriété. Quand on coupe un prisme par 2 plans pples, les sections obtenues sont égales.

En effet, 2 plans pples coupés par un 3e donnent des intersections pples. Par conséquent MN est plle à M'N'. Idem pour MP et M'P', puis pour NP et N'P'.

Les angles étant de plus égaux comme angles à côtés pples, on voit que les sections sont 2 polygones à côtés égaux et à angles égaux; donc sont égales.

C.Q.F.D.

2e Propriété. — Tout prisme oblique est équivalent à un prisme droit ayant pour base la section droite et pour hauteur l'arête latérale.

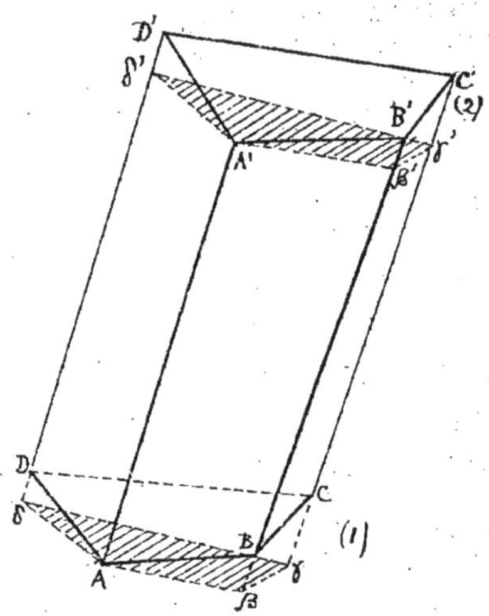

Menons la section droite aux points A et A'. Nous savons qu'elles sont égales. Si nous considérons les solides (1) et (2), solides auxquels on ne donne pas de noms, il est facile de voir qu'ils sont égaux.

Car si on imagine que le solide (2) glisse parallèlement à lui-même, le long de AA', de façon que A' vienne en A, B' viendra en B, C' en C etc... (puisque toutes les arêtes latérales sont égales). Mais β' viendra aussi en β puisque ββ' = AA'. De même γ' viendra en γ etc..

Donc les 2 solides sont superposables, donc ils ont même volume, c.à.d. sont ce qu'on appelle Équivalents.

Cela posé si au prisme initial oblique ABCD A'B'C'D', on enlève le volume (2) et qu'on y ajoute en bas le volume (1), il est clair que le volume du prisme est resté le même. Mais on a obtenu de la sorte, un prisme droit.

Donc le volume oblique est Équivalent au volume d'un prisme droit ayant pour base la section droite et pour hauteur l'arête AA'

C. Q. F. D.

Variété du Prisme : Parallélipipède.

Définition. — On appelle _Parallélipipède_, un _Prisme_ dont la base est un parallélogramme.

Les faces latérales étant dans un prisme, des pllgr., on voit que dans un pllpp.[(*)], toutes les faces (bases et faces latérales) sont des pllgr.

Cela permet de dire qu'un pllpp. est un solide limité de toutes parts par des pllgr.

Propriétés générales des Parallélipipèdes.

Propriété I. Dans un pllpp. on peut prendre pour base n'importe quelle face.

En effet, ce qui caractérise la base d'un prisme, c'est que toutes les arêtes qui en partent sont p^{lles} et égales. Or pour la face latérale ABA'B', cela a lieu. Donc ABA'B' peut être pris pour base.

C. Q. F. D.

Propriété II. — Dans un pllpp. les faces opposées sont p^{lles}.

En effet les angles B'BA et C'CD ayant leurs côtés p^{lles}, leurs plans sont p^{lles} **(page)**

Donc les faces opposées ABA'B' et CDC'D' sont p^{lles} entre elles

C. Q. F. D.

[(*)] Pour abréger l'écriture, nous désignerons le mot parallélipipède par la notation pllpp^{de} ou pllpp.

Propriété III. Dans un pllépp. tout plan qui rencontre les arêtes latérales sans rencontrer les bases, détermine une section parallélogrammique.

En effet les faces opposées étant 2 à 2 pll\(^{es}\), MN est pll\(^e\) à PQ et MQ l'est à PN. Donc MNPQ est bien un pllgr. C.Q.F.D.

Propriété IV. Les diagonales d'un pllpp. se coupent en un même point qui est le milieu de chacune d'elles.

On appelle _diagonale_ d'un pllpp. toute droite reliant 2 sommets en traversant le solide.

Dans un pllpp. il y a 4 diagonales. Prenons-en d'abord 2 au hasard, par exemple CA' et A·'. Elles se rencontrent (car elles sont dans un même plan, à savoir le plan diagonal AA'CC'). Et de plus ce point de rencontre O est le milieu de chacune d'elles (puisque ACA'C' est un pllgr.) Associons maintenant la diagonale précédente AC' avec la 3° DB' elles sont dans le plan ADB'C', donc elles ne sont autres que des diagonales dans le pllgr. ADB'C'. Donc la 3° diagonale DB' passe par le milieu de C'A. C. à. d. encore par le point O. On verrait de même que la 4° diagonale BD' passe par le milieu de AC'.

Donc les 4 diagonales du pllpp. passent toutes par un même point qui est au milieu de chacune d'elles. C.Q.F.D.

Ce point O s'appelle le _Centre_ du pllpp. ou encore son _centre de gravité_

Variétés du Parallélipipède $\begin{cases} \text{Pllpp. rectangle} \\ \text{— droit} \\ \text{— oblique} \end{cases}$

Définitions. — On appelle Pllpp. droit, un pllpp. où les arêtes latérales sont pprs à la base.

Quand la base est un rectangle, le pllpp. droit est dit rectangle car les faces latérales étant déjà des rectangles, toutes les faces du solide sont alors des rectangles. ░░ fig.1

Quand la base du Pllpp. droit est un plgr. non rectangle, on dit que le Polyèdre est un Pllpp. droit

NB. La perspective altérant les angles (comme elle altère déjà les distances) il est clair qu'un Pllpp. droit ne peut guère se figurer dans l'espace autrement que le Pllpp. rectangle.

La fig. 1 désigne donc aussi bien un Pllpp. rectangle qu'un Pllpp. droit. Quand les arêtes du Pllpp. sont obliques à la base, quelle que soit cette base (qu'elle soit rectangulaire ou non) le Pllpp. est dit Pllpp. oblique

On dit qu'un Pllpp. rectangle est un cube quand sa base est un carré et que les arêtes latérales sont égales aux arêtes de cette base.

Dans un cube toutes les faces sont des carrés égaux

Théorème. — La diagonale d'un cube est égale à $a\sqrt{3}$, a étant l'arête du cube.

En effet, proposons-nous de calculer la diagonale AC' en fonction de l'arête a.

Nous avons pour cela une méthode à notre disposition : celle du $\triangle$ rectangle ACC' qui nous donne.

$$\overline{AC'}^2 = \overline{CC'}^2 + \overline{CA}^2$$
$$= \overline{CC'}^2 + \left(\overline{AB}^2 + \overline{BC}^2\right)$$
$$= 3\,a^2$$

Donc $AC' = \sqrt{3a^2} = a\sqrt{3}$ (puisque la racine d'un produit est égal au produit des racines)

Remarque. $\sqrt{3}$ étant un nombre incommensurable, qu'on ne peut évaluer ni en nombre entier ni en nombre fractionnaire, on voit donc que si l'arête d'un cube est commensurable, la diagonale ne peut être évaluée exactement.

Mesure des volumes des Prismes et Pllpp.^des

Nous distinguerons 2 cas selon que les prismes à mesurer sont droits ou obliques, et nous ferons cette étude dans l'ordre suiv.^t :

I.- Volumes droits
| Pllpp. rectangle |
| Pllpp. droit |
| Prisme ∆^re droit |
| Prisme polyg.^l dr. |

II. Volumes obliques
| Pllpp. oblique |
| Prisme ∆^re oblique |
| Prisme polyg.^l obl^que |

et nous prouverons que l'on a dans tous les cas, la formule :

$$\boxed{V = B \times h}$$

B désignant le nombre qui mesure l'aire de la base
h ― ― ― ― ― ― ― la hauteur
V ― ― ― ― ― ― ― le volume

I.— Mesure des volumes des Pllpp. et Prismes droits.

Théorème I.- Le nombre qui mesure le volume d'un Pllpp. rectangle, s'obtient en X^ant (*) le nombre qui mesure sa base par le nombre qui mesure sa hauteur, ou encore en X^ant entre eux, les nombres qui mesurent ces 3 dimensions.

(*) Rappelons que nous employons les notations suivantes : N^bre pour désigner le mot nombre, P.^t pour le mot Produit ; X^er pour multiplier par ; Q^t pour le mot quotient.

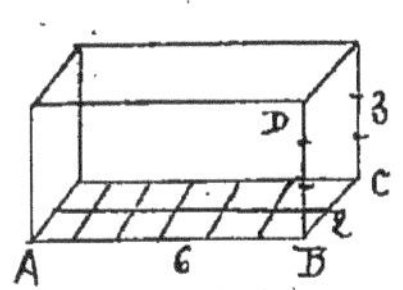

Imaginons en effet que les 3 arêtes qui partent de B (arêtes qui figurent les 3 dimensions du Ellpp. rectangle), valent respectivement, 6ᵐ, 2ᵐ et 3ᵐ.

Si par les points de divisions de AB et de BC, on mène des p^lles, on décompose la base en 12 mètres carrés. — Sur chacune des cases ainsi obtenues, plaçons un mètre cube. Nous obtiendrons évidemment une 1ʳᵉ couche composée de 12 mètres cubes et ayant 1ᵐ de haut. Sur ces 12 cubes, on peut évidemment en superposer 12 autres, ce qui donnera une 2ᵉ couche de 12 mètres cubes, puis encore on en pourra placer une 3ᵉ et alors le Ellpp. sera rempli.

Cela nous montre que le volume contient 3 fois 12 mètres cubes. Le volume évalué en mètres cubes sera donc mesuré par le n/b 12×3.

Ce qui montre que le n/b abstrait V qui mesure le volume est le produit des n/b B et h qui mesurent la base et la haut^r (bien entendu, il faut évaluer toutes les longueurs avec la même unité, et prendre ensuite pour unités de surface et de volume, les unités correspondantes)

On a donc bien : $$\boxed{V = B \times h}$$

ou encore si on désigne par a, b, c, les n/b qui mesurent les 3 dimensions BA, BC et BD : $\quad V = a \times b \times c.\quad$ C.Q.F.D

La démonstration précédente nous prouve que un mètre cube renferme 1000 décimètres cubes (la base pouvant se décomposer en 100 décimètres carrés). Le litre valant 1ᵈᵐᶜ, on voit donc que le litre est la millième partie du mètre cube. Donc 4ᵐᶜ 5ᵈᵐᶜ. doivent s'écrire. 4ᵐᶜ. 005 ou 4005ˡ.

Remarque I. on dit souvent que X^r des mètres carrés par des

mètres donne des mètres cubes. Cette expression, n'a, à propre-
ment parler, pas de sens. (Car le x^z doit toujours être un n/b
abstrait). Néanmoins ce tour de phrase étant commode et
pouvant s'expliquer quand on parle du volume d'un Ellpp. rectangle, nous l'adopterons souvent.

Problème. Trouver la hauteur h d'une chambre dont la
base est un Ellpp. rectangle, la base, valant 18^{mq}. et de
volume 122^{mc}. On doit évidemment avoir la relation
suivante :
$$122 = 18 \times h$$

Donc h est le quotient de 122 par 18,
ou, en simplifiant, le Q^t de 61 par 9
Donc $h = \frac{61}{9} = 6.77$.

La hauteur est donc 6^m 77^{cm} à 1^{cm} près par défaut.
Remarque. (Cette hauteur ne peut être évaluée exactement en
unités décimales, mais elle vaut exactement $\left(6^m + \frac{7^m}{9}\right)$.) ——
[Ce problème nous montre que quand on divise des mètres
cubes par des mètres carrés, on trouve des mètres].
N.B. La démonstration que nous venons de donner de la mesure
du volume du Ellpp. rectangle exige que les 3 dimensions BA, BC
BD, soient commensurables entre elles. Quand cela n'a pas
lieu, c.à.d. quand les 3 dimensions du Ellpp.
rectangle n'ont pas de longueur commune mesure
à toutes les 3, la démonstration est en défaut,
mais le théorème est encore vrai.

Pour le démontrer, il faudrait s'appuyer sur ce que le nombre
qui mesure un volume est, par définition (voir géométrie plane
page   ) le rapport évalué en nombre, entre le volume et le
volume unité, et alors établir une série de 3 théorèmes
Nous donnons, du reste, cette 2e démonstration plus loin
à la fin du Livre VI.

Afin de simplifier, nous proposons d'admettre que dans le cas où les 3 dimensions sont incommensurables entre elles, le volume du Pllpp. rectangle est encore égal au P^t de ces 3 dimensions, ou si on veut, égal au P^t de sa base par sa hauteur.

Ainsi, si les dimensions d'un Pllpp. rectangle valent a, $a\sqrt{2}$ et $a\sqrt{3}$, le volume sera égal à $a^2\sqrt{2} \times a\sqrt{3}$ c. à. d. à $a^3\sqrt{6}$.

Théorème II. — <u>Le volume d'un Pllpp. droit est mesuré par un nombre qu'on obtient en x^{ant} le n/b qui mesure sa base par le n/b qui mesure sa hauteur.</u>

Soit ABCDA'B'C'D' un Pllpp. droit où la base est un pllgr. non rectangle.

Pour évaluer son volume, on ne peut évidemment plus songer à le remplir avec des cubes.

On emploie alors l'artifice suivant :

Prenons pour base BCB'C'.

AB deviendra alors une arête latérale <u>oblique</u> à la base BCB'C' puisque AB n'est pas pp^{re} à BC.

Or tout prisme oblique est équivalent à un prisme droit ayant pour base sa section droite et pour hauteur l'arête latérale (page 53).

Si donc nous menons pp^t à l'arête latérale AB, la section droite BB'MN, section droite qui sera un pllgr. (Propriété III, page 56) et même un rectangle, on aura :

$$\text{Vol. ABCDA'} \quad \text{Equivalent à} \quad \text{Vol. BB'MNA}$$

Mais ce dernier volume a la forme d'un Pllpp. qui est non-seulement droit, mais rectangle. Le n/b qui mesure son volume est donc alors, d'après le Th I. $\quad$ BB'MN $\times$ AB

$$\text{c. à. d.} \quad (\text{BB'} \times \text{BN}) \times \text{AB}$$

Par conséquent, en appelant V le volume du Pllpp. droit donné.
(c. à. d. le n/b qui mesure ce volume), on aura:

$$V = BB' \times BN \times AB$$
$$= BB' \times ABCD \quad \text{(puisque } BN \text{ est la hauteur dans}$$
$$\text{le p/lgr. } ABCD)$$

donc, encore on a:

$$\boxed{V = B \times h}$$

B étant le n/b qui mesure l'aire du $\triangle$ de base et h, le n/b qui mesure la hauteur.   C.Q.F.D

Remarque. – La démonstration précédente résulte de transforma-
tions successives qu'on peut résumer comme il suit:

$$V = BB' MN \times AB$$
$$= BB' \times MN \times AB$$
$$= AB \times MN \times BB'$$
$$= ABCD \times BB'$$

$$\boxed{V = B \times h}$$

Théorème III. – Le volume d'un prisme triangulaire droit
est égal au produit de sa base par sa hauteur.

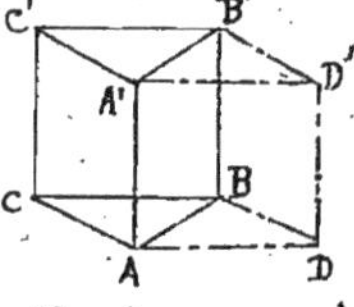

En effet, si nous construisons sur chaque base
les p/lgrammes $ABCD$ et $A'B'C'D'$ et que nous
joignons DD'. DD' sera p/le à AA' (puisque
AD est égal et p/le à CB, donc à $C'B'$, donc à $A'D'$)

La figure totale formée est donc un Pllpp. droit.

Mais les 2 prismes droits qui la constituent sont égaux
(démonstration facile par la superposition) donc le volume du
prisme A^te $ABCA'$ étant la moitié du volume du Pllpp. droit
on aura:

$$V = \frac{1}{2} ABCDA'$$
$$= \frac{1}{2} \left(ABCD \times AA' \right)$$

Or, pour prendre la moitié d'un P^t on peut prendre la moitié d'un facteur, sans toucher à l'autre.

Donc $\qquad V = \left(\frac{1}{2}\, ABCD\right) \times AA'$

$$= ABC \times AA'$$

on aura bien encore $\boxed{V = B \times h}$ $\qquad$ C.Q.F.D.

Théorème IV. – _Le volume d'un prisme polygonal droit s'évalue en $\times^{ant}$ l'aire du polygone de la base par la hauteur_

En effet, si nous menons les plans diagonaux passant par AA', on aura :

$$V = ABC \times AA' + ACD \times AA' + ADE \times AA'$$
$$= AA'\,(ABC + ACD + ADE)$$
$$= AA' \times ABCD$$

Donc encore $\boxed{V = B \times h}$

B désignant l'aire du polygone de base et h la hauteur

II – Mesure des volumes des Prismes et Pllpp. Obliques

Théorème I. – _Le n^b qui mesure le volume d'un Pllpp oblique s'obtient en $\times^{ant}$ sa base par sa hauteur._

Nous emploierons encore de nouveau l'artifice suivant :

Prenons pour base la face $BCB'C'$.

Le prisme oblique $BCB'C'$ étant équivalent au prisme droit ayant pour base la section droite $B'MPQ$ et pour hauteur l'arête (voir page 53)

on aura : $\quad V = B'MPQ \times AB$

Or la section droite a pour mesure le produit de la base PQ par la hauteur MO qui est la pp^n menée de M sur PQ ; donc

$$V = (PQ \times MO) \times AB$$

Mais PQ étant dans la section droite est pp. à AB ; donc PQ est la hauteur du prlgr. ABCD. Donc, comme on peut écrire

$$V = (AB \times PQ) \times MO$$

on aura : $V = ABCD \times MO$

D'autre part la section droite étant pp^re à AB est pp^re au plan ABCD qui passe par AB, de telle sorte que dans ce dièdre droit, la droite MO menée dans l'une des faces, pp^re à l'arête est pp^re à l'autre face. Donc MO est la distance du point M à la base c. à. d. la hauteur du Pllpp.

Par conséquent, on a finalement : $V = $ base $\times$ hauteur

Donc encore $\boxed{V = B \times h}$ C.Q.F.D.

Théorème 2 - <u>Le nombre qui mesure le volume d'un prisme $\triangle^{re}$ oblique s'obtient en $\times^{ant}$ sa base par sa hauteur</u>

Pour le prouver, nous nous appuierons sur le lemme suivant :

Lemme. - <u>Tout prisme $\triangle^{re}$ est la moitié d'un Pllpp.</u>

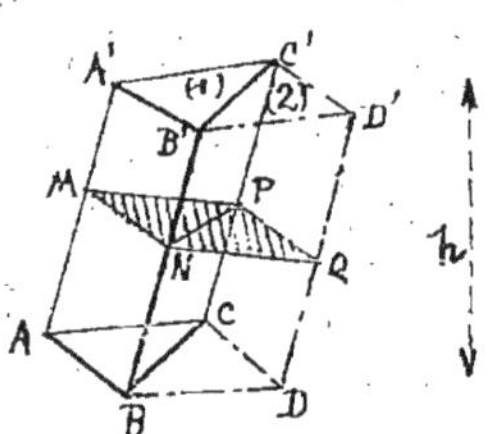

Construisons en effet des pllgr. sur les 2 bases. Nous avons déjà vu (page 62.) que le solide ainsi obtenu en joignant DD' est un Pllpp.

Appelons $V(1)$ et $V(2)$ les volumes des 2 prismes $\triangle^{res}$ obliques adjacents.

MNPQ étant la section droite du Pllpp., d'après la propriété fondamentale

le $V(1)$ équivaut au Prisme droit de base MNP et de hauteur BB'

le $V(2)$ — — — — — — — — — — — NPQ — — — BB'

On a donc pour les mesures de ces 2 prismes $\triangle^{res}$

$$V(1) = MNP \times BB'$$

$$V(2) = NPQ \times BB'$$

Mais les surfaces MNP et NPQ sont égales comme moitié de pllgr.

Donc $V(1) = V(2)$

Donc le prisme $ABCA'B'C'$ a un volume moitié de celui du Ellpp. $ABCDA'$ C.Q.F.D.

Ce lemme établi, on a:

$$V(1) = \tfrac{1}{2} \, \text{Volume } ABCDA' = \tfrac{1}{2}\left(ABCD \times h\right)$$

h désignant la hauteur commune au Ellpp. et au Prisme mais pour diviser un P^{t} par 2 facteurs, il suffit de diviser l'un q.c.q. des facteurs, sans toucher à l'autre.   Donc:

$$V(1) = \frac{ABCD}{2} \times h$$

ce qui donne donc:

$$V(1) = ABC \times h$$

Donc on a encore: $\boxed{V = B \times h}$

B désignant la base du Prisme et h sa hauteur

Théorème III — Le nombre qui mesure le volume d'un prisme polygonal oblique s'obtient en $\times^{\text{ant}}$ l'aire de sa base par sa hauteur

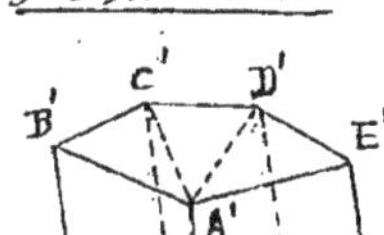

En effet, si nous menons les plans diago-naux passant par l'arête AA', on décom-pose le Prisme en Prismes $\triangle^{res}$

En désignant par h la hauteur com-mune de tous ces prismes et par $b, b', b''\ldots$ les aires des différents $\triangle$ de bases, on a donc

$$V = b \times h + b' \times h + b'' \times h$$

Mettant h en facteur commun, il vient:

$$V = h\,(b + b' + b'')$$
$$= h \times ABCD \cdot$$

Donc on a bien encore finalement: $\boxed{V = B \times h}$

B désignant l'aire du polygone de base
et h la hauteur du Prisme polygonal.   C.Q.F.D.

Ainsi pour tous les Prismes, qu'ils soient droits ou obliques, qu'ils soient des Parallélipipèdes ou non, le n/b qui mesure leur volume est toujours le produit du n/b qui mesure leur base B par le n/b qui mesure leur hauteur.

Des Pyramides

On appelle Pyramide un solide terminé d'une part par un polygone, d'autre part par des △ aboutissant tous à un même point.

Il existe de pareils polyèdres. Il suffit, en effet, de joindre les différents sommets d'un polygone ABCDE à un point q.c.q S de l'espace pris en dehors. Ce point S s'appelle le _Sommet_ de la Pyramide; le polygone ABCDE s'appelle la _base_ de la pyramide polygonale. Cette base peut du reste être un △. La pyramide s'appelle alors un _Tétraèdre_ (du mot τετταρος   )

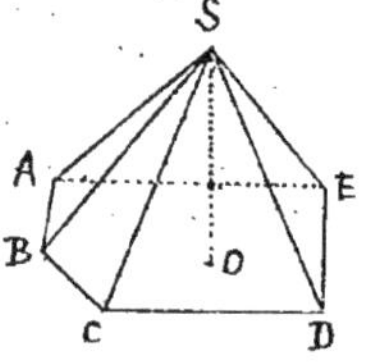

parce qu'elle a alors 4 faces triangulaires.

Les faces △ SAB, SBC..... s'appellent les _faces latérales_ de la pyramide SABCDE, et SA, SB, SC en sont les _arêtes latérales_.

La hauteur d'une Pyramide est la distance du sommet S au plan de base. — Ex. SO ——————

On dit qu'une pyramide est _régulière_ quand la base étant un polygone régulier, le sommet S est en même temps sur la pp^re menée à la base par le centre O du polygone de base

Ex. S ABCDEF.

Il y a évidemment une infinité de pyramides régulières hexagonales puisque le sommet S peut être n'importe où sur la pp^re OX.

Remarque. — Quand la base est un $\triangle$ équilatéral ABC, il y a une infinité de pyramides polygonales régulières correspondantes, mais on réserve le nom de _Tétraèdre régulier_ à celle où les arêtes latérales sont égales à l'arête de base. Toutes les arêtes, quelles qu'elles soient sont alors égales entre elles. De plus, les arêtes _opposées sont orthogonales._

Je dis par exemple que AB et SC sont des droites orthogonales. — Pour le prouver employons la méthode générale indiquée page   et prouvons que AB est pp^re au plan SCO

   1°— AB est pp^re à CO

   2° AB est orthogonal à SO (car SO est pp^re au plan ABC)

Donc AB étant pp^re à 2 droites du plan SCO est orthogonal à la droite SC.   C.Q.F.D

Propriétés générales des Pyramides.

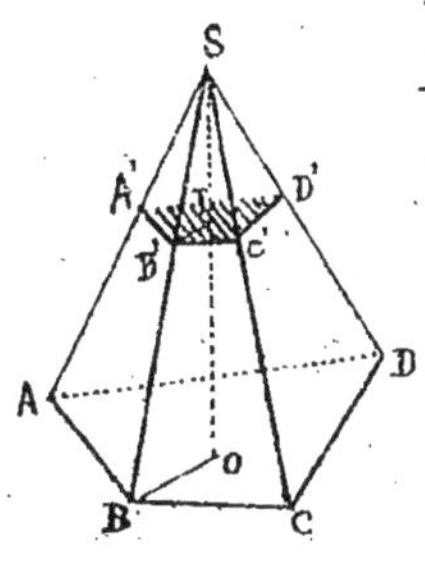

Propriété I. Quand on coupe une Pyramide par un plan pl^le à la base, la section est un polygone semblable à la base.

En effet 2 plans pl^les coupés par un 3e, donnant des intersections pl^les, A'B' est pl^le à AB, B'C' l'est à BC, etc... Donc déjà les angles des 2 polygones ABCD et A'B'C'D' sont égaux (comme angles à côtés p<u>lles</u>)

Ensuite la méthode du △ nous donne :

$$\frac{A'B'}{AB} = \frac{SB'}{SB} = \frac{B'c'}{Bc} = \frac{Sc'}{Sc} = \frac{c'D'}{cD} = \frac{SD'}{SD} = \frac{D'A'}{DA}$$

ou en supprimant les rapports intermédiaires,

$$\frac{A'B'}{AB} = \frac{B'c'}{Bc} = \frac{c'D'}{cD} = \cdots\cdots$$

Par conséquent les 2 polygones ayant les angles égaux et les côtés homologues proport^{les} sont semblables.   C.Q.F.D.

𝓟roprété Ⅱ Quand on coupe une 𝓟yramide par un plan p^{lle} à la base, elle détermine sur la hauteur des segments proportionnels.

Pour les arêtes latérales, cela résulte de la démonstration précédente.

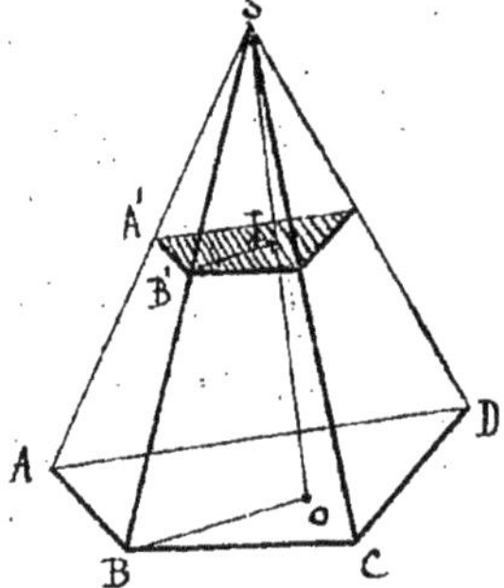

quant à la hauteur SO, pour prouver que l'on a :

$$\frac{SI}{SO} = \frac{SA'}{SA}$$

il suffit de remarquer que le plan SBO détermine 2 intersections p^{lles} BO et B'I. on a donc :

$$\frac{SI}{SO} = \frac{SB'}{SB} = \frac{SA'}{SA} = \text{etc}\ldots$$

            C.Q.F.D.

𝓟roprété Ⅲ _ Quand 2 𝓟yramides ont des bases Équivalentes et même hauteur, si on les coupe par 2 plans p^{lles} aux bas·s à mêmes distances des sommets, les sections sont Équivalentes.

Désignons ; en effet par <u>H</u> le nombre qui mesure la hauteur commune des 2 𝓟yramides, par <u>h</u> la distance à laquelle on mène les plans p^{lles} aux bases, on aura, en appelant B, B', s, s' les nombres qui désignent les surfaces des polygones de bases

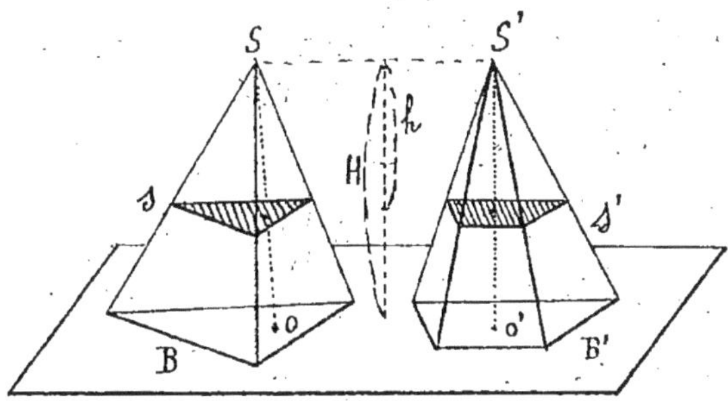

et de sections :

$$\frac{B}{s} = \left(\frac{H}{h}\right)^2 \qquad \frac{B'}{s'} = \left(\frac{H}{h}\right)^2$$

d'où : $\dfrac{B}{s} = \dfrac{B'}{s'}$, or le n/s $B = B'$; donc $s = s'$.

Donc les 2 sections sont Équivalentes.   C. Q. F. D.

<u>Propriété IV</u> . Toute Pyramide peut être regardée comme la limite vers laquelle tend une somme de Prismes inscrits ou exinscrits quand leur nombre double indéfiniment .

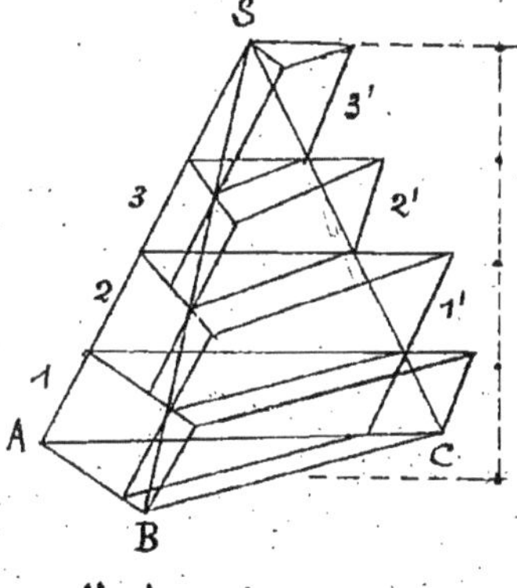

Pour le prouver nous allons toujours procéder de la même façon comme nous l'avons déjà fait page 155 pour prouver qu'une circ. est la limite commune vers laquelle tendent les périmètres des polygones réguliers inscrits et circonscrits, quand on double le n/s des côtés).

Formons d'abord <u>la somme des Prismes inscrits et exinscrits</u>. Pour cela, partageons la hauteur de la Pyramide en 4 parties égales ; menons par les p^{ts} de division, des plans p^{les} et menons des arêtes p^{lles} à SA.

Les prismes 1 et 1'
       2 et 2' } sont Équivalents
       3 et 3'

comme ayant même base et même hauteur

Et la somme des 3 Prismes inscrits (1+2+3) est évidemment inférieure tandis que la somme des 4 Prismes exinscrits $1'+2'+3'+4'$ est supérieure au Volume de la Pyramide.

Cela posé, doublons le n^b des divisions de la hauteur.

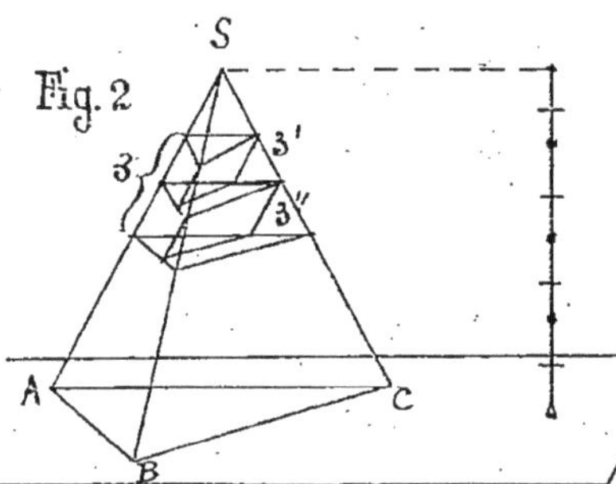

La fig. 2 nous montre que le volume du prisme (3) est remplacé par la somme des 2 Prismes 3' et 3" dont l'un est la moitié de 3, l'autre et plus grand que la moitié de 3 (puisque la base y est plus grande). Par conséquent les 3 Prismes inscrits 1.2.3 étant remplacés par 6 prismes dont la somme est plus grande que S_3, on voit que la somme des 7 prismes intérieurs inscrits a augmenté, tout en restant inférieure au Volume : V de la Pyramide, et il en sera toujours ainsi

Donc la somme des Prismes inscrits a forcément une limite (voir géométrie plane page 152) qui est ou le Volume V ou un volume plus petit.

On verrait de même que si on double le n^b des divisions de h, la somme des prismes exinscrits va constamment en diminuant, tout en restant supérieure à V. Donc la la Somme des prismes circonscrits a, elle aussi, une limite qui est ou V ou inférieure à V

Mais ces 2 limites sont les mêmes.

En effet, il y a toujours un prisme circonscrit de plus qu'il n'y a de prismes inscrits, et ce prisme supplémentaire circonscrit est celui qui repose sur la base ABC. Mais sa hauteur peut devenir aussi petite qu'on veut. Donc son volume tend vers 0

Par conséquent la différence entre la somme des Prismes circonscrits et la somme correspondante des prismes inscrits tendant vers 0, on voit que les 2 limites respectives vers lesquelles elles tendent chacune, ne sauraient être différentes l'une de l'autre. Si les 2 limites différaient,

(La figure ci-contre nous montre en effet que la 1re restant toujours en deçà de OL et la 2e au-delà, leurs différences αβ, α'β', α"β"..... tout en diminuant seraient toujours supérieures à LL', donc ne pourraient tendre vers 0.)

C'est cette limite commune vers laquelle tendent les 2 sommes précédentes qu'on appelle Volume de la Pyramide.

Principe On peut donc bien dire que le Volume de toute Pyramide peut être regardée comme la limite vers laquelle tend la somme des Prismes ou inscrits ou circonscrits quand leur nombre croît indéfiniment.

Remarque. Si on voulait évaluer le Vol. de la Pyramide en se plaçant à ce point de vue, c.à.d. en regardant la pyramide comme une limite, on voit (ces limites ne pouvant jamais être évaluées qu'approximativement) que le vol. d'une pyramide ne pourrait jamais être déterminé exactement, et que l'approximation s'obtiendrait en prenant les décimales communes aux 2 sommes en question. — Heureusem.ᵗ qu'on a pu, ainsi qu'on va le voir, évaluer ce volume d'une autre façon (ce qu'on n'a pas pu faire pour mesurer la longueur de la circonférence)

Mesure du Volume de la Pyramide

Nous nous appuierons pour cela sur le lemme suivant.

Lemme. — Quand 2 Pyramides ont des bases Équivalentes et même hauteur, elles sont Équivalentes.

Soient en effet, les 2 pyramides de volumes V et V' où les

bases sont Équivalentes, la hauteur étant la même. Si par les points de division de la hauteur, nous menons des plans // aux bases, puis que nous construisons les prismes inscrits correspondants, la somme Σ des volumes des prismes inscrits dans S sera Équivalente à la somme Σ' des prismes inscrits dans T, et cette égalité $\Sigma = \Sigma'$ a lieu quelque grand que soit le nombre des divisions. Par conséquent, cela a encore lieu à la limite, et on a :

$$\text{limite de } \Sigma = \text{limite de } \Sigma'$$
$$\text{c.-à.-d. } V = V'$$

73.

Remarque. Il résulte de ce théorème que si le sommet d'une Pyramide glisse sur une $\parallel^{le}$ à la base, le volume ne change pas. ———————

Ce lemme établi, soit à évaluer le volume de la pyramide $\triangle^{re}$ SABC.

Je dis que ce volume est le tiers du volume du prisme $\triangle^{re}$ ABCSDE construit sur la pyramide.

En effet, nous pouvons d'abord détacher du prisme la pyramide S.ABC qui est en avant.

Et il reste alors la pyramide quadrangulaire S.ACDE ayant son sommet en S en avant et pour base le $\parallel^{gr}$ ACDE; mais celle-ci peut se décomposer en 2 à l'aide du plan diagonal SDC, à savoir, S.CDE et S.CDA,

Et ces 2 pyramides ont des bases égales (comme moitiés de $\parallel^{gr}$) et même hauteur (à savoir la distance de S au plan ACDE) Par conséquent elles sont Équivalentes.

Mais l'une d'elles S.CDE peut être regardée comme ayant son sommet en C., sa base étant alors DSE.

Cette pyramide C.SDE a même base que S.ABC et même hauteur (la pp^{re} CI mesurant comme l'app^{re} SO la dist^{ce} des 2 plans p^{lles} ABC et DSE) Donc elle est Équivalente à S.ABC. Donc la 3e pyramide S.CDA est aussi Équivalente à S.ABC.

En résumé les 3 pyramides qui constituent le Prisme

sont équivalentes à $S.ABC$

Il résulte de là que la pyramide $\triangle^{re}$ primitive $S.ABC$ est le $\frac{1}{3}$ du volume du prisme $ABC.DSE$. ____

Et cela va nous permettre de mesurer le volume de la pyramide (sans que nous soyons obligé de recourir à l'idée de limite)*

En effet, si nous appelons V ce volume $S.ABC$, on a :

$$V = \frac{1}{3} \text{ volume Prisme}$$
$$= \frac{1}{3} \, (ABC \times S.0)$$
$$= \frac{1}{3} \, (\text{base de la pyramide} \times \text{par haut}^{re} \text{Pyram}^{de})$$

d'où le théorème :

Théorème. — <u>Le Volume d'une Pyramide $\triangle^{re}$ est égal au tiers du produit de sa base, par sa hauteur</u>

La formule à appliquer est donc : $\boxed{V = \frac{1}{3}\,(B \times h)}$

ou si l'on veut $\boxed{V = B \times \dfrac{h}{3}}$

Remarque. On peut résumer cette démonstration du volume de la pyramide $\triangle^{re}$ dans le tableau suivant.

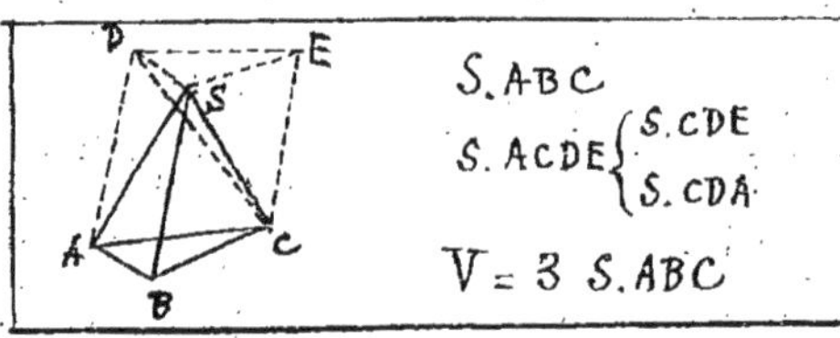

---

* Néanmoins, cette idée de limite nous a été nécessaire pour pouvoir démontrer le lemme qui précède.

Théorème. — Le volume d'une pyramide polygonale s'obtient en multipliant l'aire du polygone de base par le tiers de la hauteur.

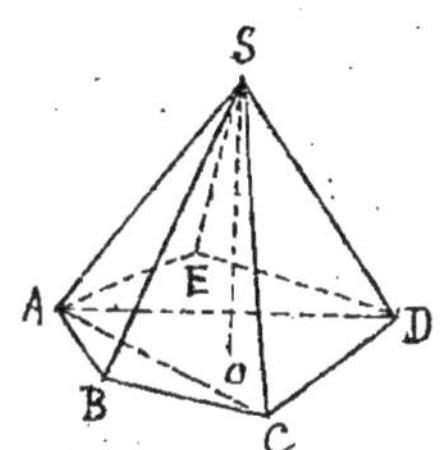

En effet, si nous menons les plans diagonaux SAC, SAD, nous décomposons la pyramide en 3 Δ^{es} ayant toutes même hauteur.

Par conséquent :

$$V = ABC \times \frac{SO}{3} + ACD \times \frac{SO}{3} + ADE \times \frac{SO}{3}$$
$$= (ABC + ACD + ADE) \frac{SO}{3}$$
$$= \text{Surface } ABCDE \times \frac{SO}{3} \qquad C.Q.F.D.$$

Application

Calculer le volume d'un tétraèdre régulier d'arête connue a.

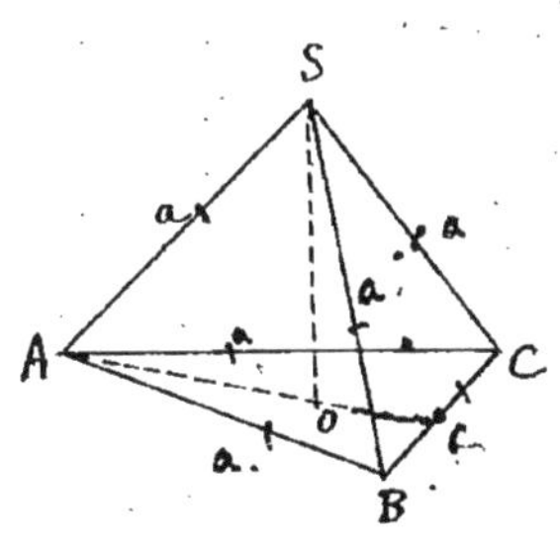

On a :
$$V = \frac{a^2\sqrt{3}}{4} \times \frac{SO}{3}$$

$$Or \ \overline{SO}^2 = a^2 - \overline{AO}^2$$

Mais AO étant le rayon R du cercle circonscrit au Δ équilatéral ABC, on a :
$a = R\sqrt{3}$; d'où $R = \frac{a}{\sqrt{3}}$

Donc $\overline{SO}^2 = a^2 - \dfrac{a^2}{3} = \dfrac{2}{3}a^2$ et $SO = \dfrac{a\sqrt{2}}{\sqrt{3}}$

Dès lors $V = \dfrac{1}{3}\cdot\dfrac{a^2\sqrt{3}}{4} \times \dfrac{a\sqrt{2}}{3\sqrt{3}} = \dfrac{a^3\sqrt{2}}{12}$

Telle est la formule qui donne V. [Mais quand on voudra évaluer en mètres cubes, décimètres cubes, etc.. ce volume, on ne pourra jamais arriver à une évaluation exacte puisque $\sqrt{2}$ ne peut jamais être évalué qu'approximativ"[t]] .

Troncs de Pyramides.

Définition. — On appelle tronc de pyramide, le solide obtenu en coupant une pyramide par un plan p[le] à la base et enlevant la partie supérieure.

Dans tout tronc de pyramide, il y a 2 bases ∧

La hauteur du tronc est la distance des 2 bases.

I. Volume du tronc de Pyramide Δ^{re}

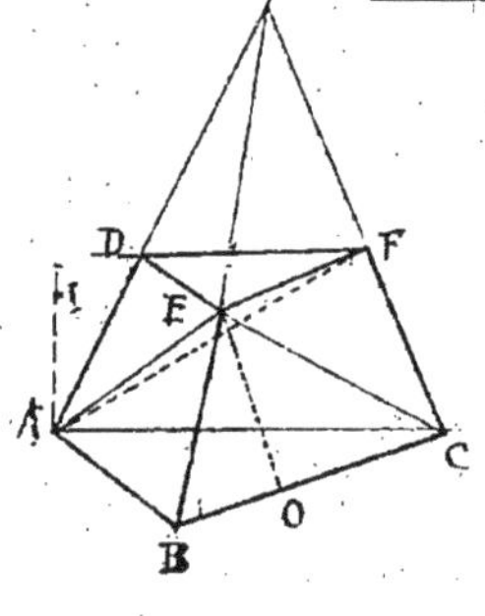

Appellons B le n/b qui mesure la base inférieure ABC ; b le n/b qui mesure la base supérieure DEF ; h la hauteur du tronc

Pour évaluer le volume de ce tronc Δ^{re} décomposons-le encore

1° en une pyramide Δ^{re} $E.ABC$ qui vaut $B \times \dfrac{h}{3}$

2° En une pyramide quadrangulaire $E.ACDF$

Celle-ci peut à son tour se décomposer en 2 Δ^{res} à savoir. .

$$E.ADF$$

$$E.ACF$$

Mais la 1re peut être regardée comme ayant pour sommet

le sommet A ; sa base est alors le $\triangle$ ayant pour sommets les 3 lettres qui restent c.à.d. DEF ; donc son volume vaut $b \times \dfrac{h}{3}$ (puisque sa hauteur AI qui tombe en dehors est égale à la hauteur h du tronc)

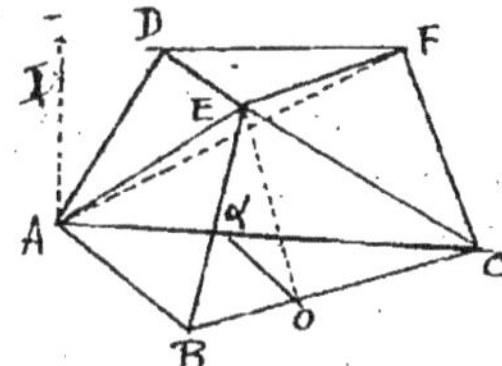

Quant à la 2ᵉ pyramide E.ACF, on peut sans changer son volume, faire glisser le sommet E sur la $\parallel^{le}$ EO à FC (car EO étant $\parallel^{le}$ à FC est $\parallel^{le}$ à la base FCA).

Donc cette pyramide E.ACF est Équivalente à O.ACF ou en prenant pour sommet le pᵗ F, Équivalente à F.OAC. Mais elle a alors même hauteur que le tronc.

Quant à sa base AOC (d'après un théorème du IVᵉ Livre facile à démontrer) elle est moyenne propᵗⁿᵉ entre ABC et le $\triangle$ COα formé par la $\parallel^{le}$ Oα, ou encore entre ABC et DEF car les 2 $\triangle$ COα et DEF ont un côté égal (CO = EF) et les 2 angles adjacents égaux (comme angles à côtés $\parallel^{les}$)

Donc le volume de cette dernière pyramide vaut $\sqrt{Bb} \times \dfrac{h}{3}$

En résumé, on peut donc énoncer le théorème suivant :

Théorème. — Le volume du tronc de pyramide $\triangle^{re}$ peut être regardé comme la somme de 3 pyramides ayant toutes pour hauteur, la hauteur du tronc, et pour bases, l'une la base inférieure, l'autre la base supérieure, la 3ᵉ, une moyenne propᵗⁿᵉ entre ces 2 bases.

La formule qui donne en nᵇʳᵉˢ, le volume V d'un tronc $\triangle^{re}$ est la suivante :

$$V = B \times \frac{h}{3} + b \times \frac{h}{3} + \sqrt{Bb} \times \frac{h}{3}$$

ou, en mettant $\dfrac{h}{3}$ en facteur commun :

$$\boxed{V = \frac{h}{3}\left(B + b + \sqrt{Bb}\right)}$$

N.B. Il est facile de prouver comme il suit, le théorème du 4ᵉ Livre sur lequel nous nous sommes appuyés :

A O' étant une droite q.cq. menée par le sommet A et αδ une p^le à AB, on a :

$$\frac{ABC}{AOC} = \frac{AOC}{\alpha OC}$$

En effet, le 1ᵉʳ rapport vaut $\frac{CB}{CO}$ (car les 2 Δ ABC et AOC ont même hauteur AH) Le second rapport vaut $\frac{C\alpha}{CA}$ (car les 2 Δ AOC et αOC ont aussi même hauteur OK)

Or $\frac{CB}{CO} = \frac{C\alpha}{CA}$ puisque Oα est p^le

Donc on a bien $\frac{ABC}{COA} = \frac{COA}{CO\alpha}$ ou :

$$\overline{COA}^2 = ABC \times CO\alpha \qquad C.Q.F.D.$$

II Volume du tronc de Pyramide polygonal

Pour trouver le volume d'un tronc de pyramide polygonal (nous appellerons la grande base B et la petite, b), il y a de nombreuses méthodes. La plus simple est celle-ci :

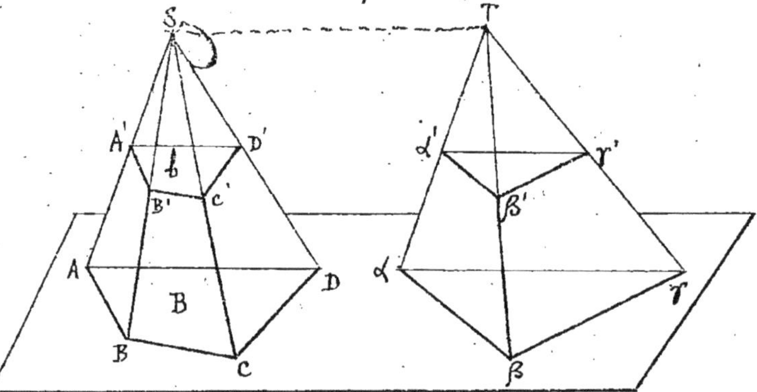

Achevons la pyramide, d'où dérive le tronc polygonal, puis sur le plan de la grande base prolongée, construisons un Δ αβγ Équivalent au polyg. B (géométrie plane page 179)

et par le sommet S, menons une p^{le} ST au plan de base.

La pyramide totale Δ^{re} T$\alpha\beta\gamma$ est équivalente à S.ABCD.

Mais la base b prolongée détermine, sur la Pyramide T une section $\alpha'\beta'\gamma'$ équivalente à b (géométrie de l'espace, page 69) donc les pyramides supérieures sont équivalentes aussi.

Il résulte de là que la différence des volumes des 2 pyramides polygonales est égale à la différence des vol. des 2 pyr. Δ^{res}

Donc le tronc de pyramide polygonal inconnu de volume est équivalent au tronc de pyramide Δ^{re}, et par conséquent peut être regardé comme la somme de 3 pyramides ayant toutes pour hauteur h et pour bases $\alpha\beta\gamma$, $\alpha'\beta'\gamma'$ et une moy^{ne} prop^{elle} entre $\alpha\beta\gamma$ et $\alpha'\beta'\gamma'$, ou (ce qui revient au même, au point de vue numérique) ayant pour bases B, b et une moy^{ne} prop^{elle} entre B et b.

D'où un théorème identique au 1er

Th^e Par conséquent, le n/b qui mesure le volume d'un tronc de pyramide quelconque, polygonal ou Δ^{re} est égal à la somme des 3 n/b qui mesurent les volumes de 3 pyramides ayant pour hauteur la hauteur du tronc, et pour bases, l'une la grande base, l'autre la petite base, la 3e une moyenne proport^{elle} entre les 2 bases.

La formule est donc, dans tous les cas :

$$V = \frac{h}{3}\left(B + b + \sqrt{Bb}\right)$$

Tétraèdres semblables [*]

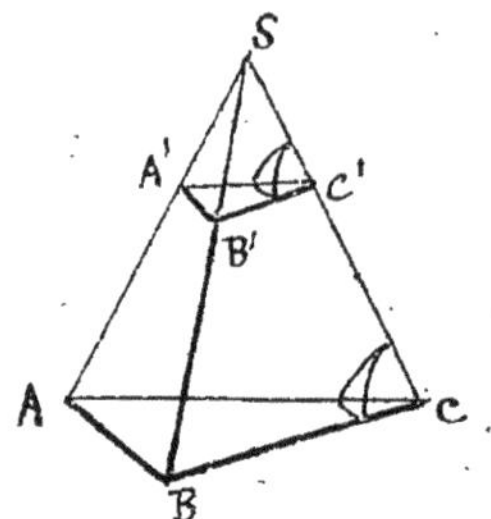

On dit que 2 tétraèdres sont semblables quand ils ont leurs faces semblables 2 à 2 et les angles trièdres 2 à 2 égaux. Il existe de pareils tétraèdres.

En effet.

Théorème. Quand on coupe un tétraèdre par un plan p^{le} à la base, la pyramide supérieure formée est semblable à la pyramide totale.

D'abord les faces sont 2 à 2 semblables puisque A'B' est p^{le} à AB, B'c' à BC, et A'C' à AC.

Ensuite les angles solides sont égaux 2 à 2, car l'angle trièdre S est commun. Quant aux angles trièdres c et c' ils sont égaux, car la face ACB est égale à la face A'c'B' et de plus les 2 dièdres BC et B'c' d'une part, AC et A'c' d'autre part sont égaux. Or des trièdres qui ont une face égale et les 2 dièdres adjacents égaux, sont manifestement superposables. Donc les trièdres c et c' sont égaux. Et pour la même raison B et B', A et A' le sont aussi.

Donc les 2 tétraèdres sont bien semblables entre eux.

Théorème. — Le rapport des volumes de 2 tétraèdres semblables est égal au cube du rapport de 2 arêtes homologues.

Supposons (ce que nous pouvons toujours faire) que la pyramide semblable à SABC coïncide avec le tétraèdre SA'B'c' obtenu en coupant SABC par un plan p^{le} à la base.

(*) On appelle souvent une pyramide S^{te} tétraèdre (du mot grec τετράπος) parce qu'elle a 4 faces.

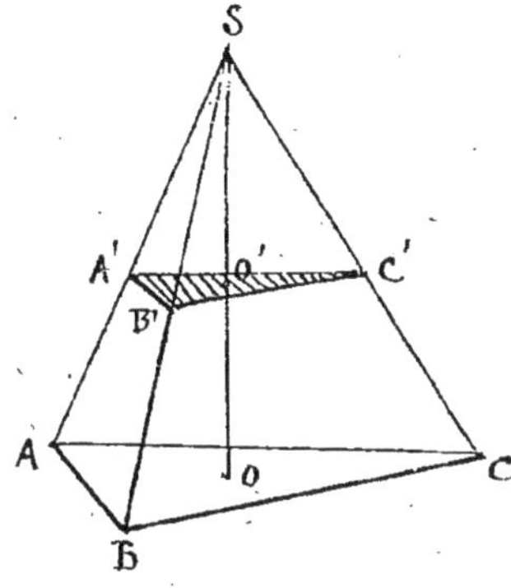

Puisque nous avons à évaluer du rapport de volumes, tout rapport étant un quotient (géométrie plane, page 104) il est naturel de mesurer chacun d'eux, puis de diviser entre eux les nombres obtenus. On a:

$$\text{Vol. } SABC = ABC \times \frac{SO}{3}$$

$$\text{Vol. } SA'B'C' = A'B'C' \times \frac{SO'}{3}$$

Par conséquent.

$$\frac{\text{Vol. } SABC}{\text{Vol. } SA'B'C'} = \frac{ABC \times \frac{SO}{3}}{A'B'C' \times \frac{SO'}{3}}, \text{ ou en simplifiant.}$$

$$= \frac{ABC \times SO}{A'B'C' \times SO'}, \text{ ou en dédoublant.}$$

$$= \frac{ABC}{A'B'C'} \times \frac{SO}{SO'}$$

Or on a: $\dfrac{ABC}{A'B'C'} = \left(\dfrac{AB}{A'B'}\right)^2 = \left(\dfrac{SA}{SA'}\right)^2 = \left(\dfrac{SO}{SO'}\right)^2$

Donc $\dfrac{\text{Vol. } SABC}{\text{Vol. } SA'B'C'} = \left(\dfrac{SO}{SO'}\right)^3$; ou ce qui revient au même.

$$\frac{\text{Vol. } SABC}{\text{Vol. } SA'B'C'} = \left(\frac{SA}{SA'}\right)^3 \qquad \text{C. Q. F. D}$$

Remarque. Ce théorème nous montre que si par le milieu A' de l'arête SA, on mène un plan p^{lle} à sa base, le volume de la grande pyramide, renferme 8 pyramides équivalentes à la petite.

<u>Note</u>^(x) sur les grandeurs incommensurables entre elles et application à la généralisation des théorèmes relatifs à la mesure des volumes.

I. Il existe en arithmétique 3 sortes de nombres, les nb entiers, les nb fractionnaires et les nb incommensurables.

Pour le prouver, rappellons d'abord (voir géométrie plane, page 150) qu'une <u>limite</u> est une quantité fixe à laquelle la quantité variable n'arrive jamais, mais dont elle s'approche constamment de façon à en différer de moins en moins (ainsi que le montre la figure symbolique ci-contre.)

Or, en arithmétique quand on cherche à extraire la racine carrée d'un nb non carré parfait, la racine de 2 par exemple, on démontre qu'il n'existe ni de nb entier ni de nb fractionnaire dont le carré fasse 2. Heureusement qu'on a pu établir l'existence d'une infinité de nb décimaux, tous croissants, tous ayant des carrés inférieurs à 2 et pouvant s'approcher de 2 d'aussi près qu'on veut, par conséquent ces nombres décimaux ont une limite certaine C'est <u>ce nombre limite</u>, qui existe, puisque le raisonnement l'établit, et que nous concevons clairement, que les mathématiciens appellent par définition, la racine carrée de 2. et qu'ils conviennent tous d'écrire $\sqrt{2}$.

On voit donc bien qu'il existe en arithmétique, toute une 3ᵉ catégorie de nombres d'une nature toute particulière (puisque quoique existants, on ne peut jamais les connaître qu'approximativement). Exemple : $\sqrt{2}$, $\sqrt{3}$, $\sqrt{5}$, $\sqrt{2+\sqrt{3}}$........

(x) Cette note pourra être négligée dans une première étude.

Ces nombres, on les a appelés des nombres __incommensu-
rables__ (parce qu'ils ne sont pas mesurables exactement
à l'aide de l'unité)

Il importe de se familiariser avec ces nombres que nous
proposons d'appeler __nombres limites__ et de bien comprendre
ce qu'ils signifient, car on les rencontre sans cesse, non-
seulement en arithmétique, mais encore en géométrie.

II. — Ce premier point bien établi, remarquons qu'en géométrie
il y a aussi non seulement des grandeurs commensurables
entre elles 2 à 2, mais encore des quantités de grandeurs incommensurables 2 à 2 c. à. d. des grandeurs A qui ne
sauraient contenir exactement ni une autre grandeur B de
même espèce, ni une partie aliquote de cette grandeur B.
Tel est, par exemple, le cas de la diagonale AC du carré
ABCD qui, elle, est toujours incommensurable
avec le côté AB (on peut démontrer en effet
géométriquement que AC ne saurait jamais
contenir aucune partie aliquote de AB.)
On a donc ici encore, comme en arithmétique, des grandeurs
d'une nature toute particulière en ce sens qu'elles existent et
qu'on les a même sous les yeux, mais qu'il est absolument
impossible de les mesurer exactement, du moins avec la 2^e
grandeur désignée, et que l'on ne peut jamais les évaluer en
fonction de cette 2e grandeur qu'approximativement.

III. — Maintenant que faut-il entendre par ce mot
« __Rapport de 2 grandeurs incommensurables__
__entre elles__ »
nous écrirons en abrégé grandeurs incommensurables : gr. incom — elles

Remarquons d'abord que si on se raporte à la définition du mot rapport donnée plus haut (voir géométrie plane page 77) le mot rapport de 2 grandeurs incom^bles n'a alors pas de sens, puisque pour évaluer en nombres, un rapport (page 79) il faut chercher la commune mesure et qu'ici il n'y en a pas.

Pourtant, ne pas parler (même ici dans ces éléments de géométrie) du rapport de 2 grandeurs incom^bles entre elles n'est guère possible, puisque tous les nombreux théorèmes où on parle du rapport de 2 grandeurs, ne convenant plus à toutes les grandeurs géométriques, ces théorèmes n'auraient plus alors le caractère de généralité auquel on est habitué et auquel il faut toujours prétendre en géométrie.

Or, le sens de ce mot « Rapport de 2 gr. incom^bles entre elles » est facile à établir, car, de même que $\sqrt{2}$ a été défini comme le nb. limite vers lequel tend une certaine suite de nb. décimaux croissants, de même, le rapport $\frac{A}{B}$ de 2 gr. incom^bles A et B se définira comme le nb limite vers lequel tend la suite des nombres décimaux obtenus en mesurant à $\frac{1}{10}$ près, à $\frac{1}{100}$ près, à $\frac{1}{1000}$ près, etc... par défaut la valeur de l'une des grandeurs en fonction de l'autre.

Ainsi , si nous voulons définir le rapport de la diagonale AC du carré ABCD au côté AB on dira que ce rapport est le nb limite vers lequel tendent, par exemple les nombres de la suite croissante $\frac{p}{10}$, $\frac{p'}{100}$, $\frac{p''}{1000}$, etc... obtenus en cherchant combien de fois AC contient le 10e, le 100e, le 1000e partie de AB. (bien entendu, il faudra prendre la peine de justifier au préalable, que ce nb limite existe par le procédé habituel en s'inspirant toujours de la figure symbolique ci-contre).

IV. Il résulte de ce que nous venons de dire que pour savoir si 2 longueurs données A et B d'une figure sont commensurables entre elles ou non, il suffira de calculer A en fonction de B (par les méthodes connues). Si la formule trouvée contient ou le nombre π ou la racine d'un nb qui n'est pas puissance parfaite, on pourra affirmer que A et B sont incommensurables entre eux.

Exemples. La diagonale d d'un cube d'arête a satisfaisant à la formule $d = a\sqrt{3}$, on en conclut que ces droites sont incommensurables entre elles et leur rapport est le nb limite $\sqrt{3}$

Idem pour le côté C_4 du carré inscrit dans un cercle et le rayon R de ce cercle, car $C_4 = R\sqrt{2}$, et leur rapport vaut $\sqrt{2}$

Idem pour la hauteur d'un $\triangle$ Équilatéral et le côté a car $h = \dfrac{a\sqrt{3}}{2}$

Idem pour la longueur C d'une circonf. de rayon R car $C = 2\pi R$.

V. Problème final. A quel caractère reconnaît-on que deux rapports de grandeurs incom^{bles} sont Égaux entre eux ?

Nous allons pour cela énoncer le théorème général suivant:

Théorème. Le rapport de 2 grandeurs incom^{bles} entre elles A et B est égal au rapport de 2 autres gr. incom^{bles} C et D dépendant des 1res toutes les fois que le 1er rapport étant compris entre $\dfrac{p}{n}$ et $\dfrac{p+1}{n}$ et le 2^d aussi, cela a lieu quelque grand que soit le nb n.

Pour justifier cette affirmation, figurons par 2 long^{rs} α et β, comptés à partir du point O, les nb $\frac{p}{u}$ et $\frac{p+1}{u}$.

Le rapport $\left(\frac{A}{B}\right)$ (rapport qui existe numériquement, on l'a démontré) sera figuré évidemment par une longueur fixe OR, R étant situé entre α et β.

Le rapport $\left(\frac{C}{D}\right)$ le sera aussi par une longueur OR', R' étant entre α et β.

Et la figure nous montre que si OR est différent de OR' que la différence RR' entre ces 2 rapports $\left(\frac{A}{B}\right)$ et $\left(\frac{C}{D}\right)$ est inférieure à $\alpha\beta$; donc inférieure à $\frac{1}{u}$.

Supposons maintenant que le dénominateur u croisse. 1° les points α marchent vers la droite en se rapprochant du point R sans jamais le dépasser, et des points β marchant vers la gauche en se rapprochant du point R' sans jamais non plus le dépasser. — 2° les différences $\alpha\beta$ qui sont toujours supérieures à RR' et qui deviennent $\alpha'\beta'$, puis $\alpha''\beta''$… diminuent constamment et tendent vers 0 (puisqu'elles valent $\frac{1}{u}$, et que u tend vers l'∞). Mais ce dernier résultat ne peut être atteint si les long^{rs} OR et OR' sont différentes (*). Donc il faut que la limite OR soit rigoureusement égale à la limite OR'.

Donc on a forcément $\left(\frac{A}{B}\right) = \left(\frac{C}{D}\right)$

Donc les 2 rapports des quantités incom^{bles} considérées sont égaux $\qquad$ C.Q.F.D.

(*) Car si une q^{té} $\alpha\beta$ est toujours plus grande que l'espace RR' elle ne saurait évidemment devenir plus petite que toute q^{té} donnée.

Application.

Pour établir d'une façon générale la formule $V = B \times h$ qui donne l'expression du volume d'un pllpp. rectangle quel qu'il soit, on démontre les 3 théorèmes préliminaires suivants:

Th. I. Le rapport des vol. de 2 Pllpp. rectgles qui ont même base et des hauteurs différentes, est égal au rapport de ces hauteurs.

1ᵉʳ Cas. - Supposons les 2 hauteurs h et h' commensurables entre elles, leur rapport étant p.ex. égal à $\frac{2}{3}$

Les plans plls aux bases menés par les pts de division décomposant les 2 Polyèdres en 2 puis en 3 Pllpp. égaux, le rapport des volumes sera aussi $\frac{2}{3}$

Donc $\dfrac{V}{V'} = \dfrac{h}{h'}$

2ᵉ Cas. - Supposons les hauteurs h et h' incommles entre elles. On ne peut plus alors évaluer exactement en nbre leur rapport, Seulement on peut (ainsi que nous venons de le dire) l'évaluer approximativement. Pour le faire, commençons par partager h en n parties égales, h' contenant cette n^e partie p fois avec un reste, le rapport $\dfrac{h}{h'}$ sera compris entre $\dfrac{p}{n}$ et $\dfrac{p+1}{n}$

Or si nous menons des plans plls par les points de division, on voit que le volume V' contient n ptits volumes égaux. Quant à V' il en contient p avec un reste, ce qui prouve que le rapport $\dfrac{V}{V'}$ des volumes est compris entre $\dfrac{p}{n}$ et $\dfrac{p+1}{n}$,

Tout comme le rapport $\dfrac{h}{h'}$ des 2 hauteurs.

Mais cela a lieu quelque grand que soit le nbre n des

divisions de *h*. On est donc autorisé d'après le théorème précédent (page 85) à dire que l'on a forcément

$$\frac{V}{V'} = \frac{h}{h'}.$$

Le théorème I est donc démontré dans tous les cas,
que les hauteurs soient commensurables entre elles ou non.

Exemple. Si 2 Ellpp^des rectangles de même base ont pour
hauteurs respectives h et $h\sqrt{5}$, le rapport des Vol est $\sqrt{5}$
c. à. d. que l'on a : $\qquad V = v \times \sqrt{5}$ $\qquad$ C. Q. F. D.

{ Th. II. Le rapport des Volumes de 2 Ellp^des rect^ges
{ qui ont une dimension commune est égal au produit
{ des rapports de leurs 2 autres dimensions.

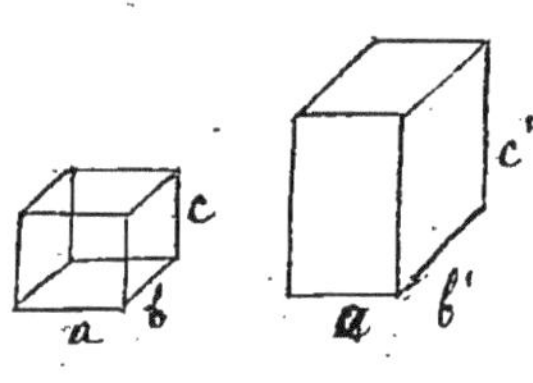

Soient, en effet, les 2 Ellpp. rect^ges
l'un de volume V et de dimensions
a, b, c, l'autre de volume V' et
de dimensions a, b', c'; les nb.
b, c, b', c' étant commensurables
entre eux ou non.

Si nous concevons un Ellpp. rectangle intermédiaire de
dimensions a, b et c' et de volume V'',

V et V'' ayant 2 dimensions communes a et b, ont même
base. On a donc $\dfrac{V}{V''} = \dfrac{c}{c'}$ (1)

c et c' ne désignant pas des nombres, mais les longueurs.
c et c' étant du reste commensurables entre elles ou non.

De même V'' et V' ayant 2 dimensions communes a et c'
on a : $\qquad \dfrac{V''}{V'} = \dfrac{b}{b'}$ (2)

que le rapport de b à b' soit commensurable ou non.

Multiplions membre à membre les 2 égalités (1) et (2) il vient :

$$\frac{V \times V''}{V'' \times V'} = \frac{c}{c'} \times \frac{b}{b'}$$

c. à. d. $\qquad \dfrac{V}{V'} = \left(\dfrac{c}{c'}\right) \times \left(\dfrac{b}{b'}\right)$ $\qquad$ C. Q. F. D.

Exemple. En appliquant le théorème à la figure ci-contre, on trouve:

$$\frac{V}{V'} = \frac{\sqrt{2}}{5} \times \frac{\sqrt{3}}{\sqrt{7}}.$$

Théorème 3. Le rapport des volumes de 2 Pllpp. rect^{gles} est égal au produit des rapports de leurs 3 dimensions, qu'elles soient commensurables entre elles ou non.

Soit V le volume d'un Pllpp. rectangle de dimensions a, b, c

$$V' \qquad\qquad\qquad\qquad\qquad a', b', c'$$

Prenons en un intermédiaire V" de dimensions $\qquad a, b', c'$

on aura :
$$\frac{V}{V''} = \left(\frac{b}{b'}\right) \times \left(\frac{c}{c'}\right)$$

$$\frac{V''}{V'} = \left(\frac{a}{a'}\right)$$

d'où en X^{ant} mbre à mbre.
$$\frac{V \cdot V''}{V'' \cdot V'} = \left(\frac{b}{b'}\right)\left(\frac{c}{c'}\right)\left(\frac{a}{a'}\right)$$

ou en simplifiant :
$$\left(\frac{V}{V'}\right) = \left(\frac{a}{a'}\right)\left(\frac{b}{b'}\right)\left(\frac{c}{c'}\right) \qquad C. Q. F. D.$$

Théorème final.

Le nombre qui mesure le volume d'un Pllpp. rectangle est égal au produit des nombres qui mesurent ses 3 dimensions (que ces nbre soient commensurables ou non)

On sait en effet que la mesure d'une grandeur est par définition (voir géométrie plane, page 78) le nombre abstrait entier ou fractionnaire qui indique son rapport à l'unité.

Appelons u la longueur choisie pour unité de longueur (car toute mesure ne peut être faite qu'après avoir au préalable fait choix d'une unité, laquelle est du reste arbitraire)

l'unité de volume U devra alors être le cube construit sur

l'unité de longueur. D'après le théorème précédent, on a:

$$\left(\frac{V}{U}\right) = \left(\frac{a}{u}\right)\left(\frac{b}{u}\right)\left(\frac{c}{u}\right)$$

[a, b, c étant les dimensions Mes mêmes et non pas les nombres qui les mesurent] Mais la mesure d'une grandeur n'est autre chose (par définition) que son rapport à l'unité choisie.

Donc $\left(\frac{V}{U}\right)$ est le nb qui mesure le Volume V $\left(\frac{a}{u}\right)$ est le nb qui mesure la dimension a.

$\left(\frac{b}{u}\right)$ et $\left(\frac{c}{u}\right)$ également mesurent les dimensions b et c

Donc l'Égalité précédente (1) doit se traduire, textuellement comme il suit:

Le nombre qui mesure le Volume du Pllpp. rectgle est égal au Produit des nbres qui mesurent ses 3 dimensions

N.B. Remarquons que nous nous sommes jusqu'à présent gardés de dire que le Volume d'un Pllpp. rectangle est égal au produit de sa base par sa hauteur.

Cela tient à ce que nous n'avons pas établi encore d'une façon générale que la Surface d'un rectangle s'obtient en x^ant sa base par sa hauteur, que ces 2 éléments soient com^bles entre eux ou non.

Seulement comme on pourrait le démontrer aisément, en suivant absolument la marche que nous venons de suivre ici pour le Pllpp. rectangle, nous proposons d'admettre le théorème établi dans toute sa généralité pour le rectangle, et nous dirons maintenant, mais seulement maintenant que:

le Volume d'un Pllpp. rectangle est toujours égal

au produit de sa base par sa hauteur, que cette base et cette hauteur soient commensurables ou non.

Le théorème général bien établi, il en résulte que dans l'évaluation numérique d'une surface plane quelconque ou d'un volume quelconque de Prismes, Pyramides ou troncs de pyramides, on ne devra jamais se préoccuper de savoir si les nombres qui mesurent les éléments nécessaires à cette évaluation sont des nbres commensurables ou incommensurables.

Les théorèmes énoncés précédemment sont tous absolument généraux.

Résumé synoptique du VIᵉ Livre

Définition du Prisme _ Façon de l'obtenir

Prismes droits _ Prismes obliques.

Propriété générale du prisme 1° Les sections par 2 p^{as} p^{lles} sont des polygones égaux.

2° Tout prisme oblique est équivalent à un prisme droit ayant p^r base la section droite et pour hauteur l'arête latérale..

Parallélépipède ... Définition _ 3 sortes

Propriétés
1° On peut prendre pour base n'importe quelle face
2° Les faces opposées sont p^{lles}
3° La section par un plan qui coupe toutes les arêtes latérales, est un p^{llgr}.
4° Les diagonales se coupent toutes et en leurs milieux

Mesure des volumes $\boxed{V = B \times H}$

1° Volumes droits
1° Ellpp. rectangle (mesure directe)
2° Ellpp. droit
3° Prisme Δ^{re} droit
4° Prisme polygonal droit

2° Volumes obliques
1° Ellpp. oblique (on prend p^r base BCB'c')
2° Prisme Δ^{re} oblique (on démontre, à l'aide des sections droites que $V = \frac{1}{2}$ vol Ellpp.)
3° Prisme polyg. oblique

Pyramides

Définition de la Pyramide - Pyramide régulière
tétraèdre régulier
(Les arêtes opposées
sont orthogonales)

Propriétés de Pyramide qc.q.

1º Un plan p^le à la base coupe les arêtes latérales et la hauteur dans le même rapport, et la section est un polygone semblable à la base.

2º Si 2 Pyramides ont des bases Équivalentes et même hauteur, les sections à égale distance des bases, sont Équivalentes.

$$\frac{B}{s} = \frac{H^2}{h^2} \qquad \frac{B'}{s'} = \frac{H^2}{h'^2}$$

3º Toute pyramide est la limite commune d'une Somme de prismes inscrits et d'une Somme de prismes ex-inscrits (On construit les prismes I^s et ex I^t, puis on emploie la méthode comme indiquée par la figure.

Volume de Pyramide

Lemme I. 2 Pyramides ayant même base et même hauteur sont Équivalentes

$$\text{Car } \Sigma = \Sigma'$$
$$\text{et limite } \Sigma = \lim \Sigma'$$
$$\text{donc } V = V'$$

Lemme II. Toute Pyramide Δ^{re} est la moitié du Vol. d'un Prisme de même base et de même haut^r

$$S.ABC$$

$$S.ACDE \begin{cases} S.ADE = A.DSE \ \text{Équiv}^t \ \text{à } S.ABC \\ S.ACED \ \text{Équiv}^t \ \text{à } S.ADE \end{cases}$$

Théorème. Le Vol d'une pyram. $\Delta^{re} = \dfrac{B \times h}{3} = \left(B \times \dfrac{h}{3} \right)$

Troncs de Pyramides

Volume tronc de Pyramide Δ^{re} = Somme de 3 Pyramides.

$$E.ABC = B.\frac{h}{3}$$

$$E.ACDF \begin{cases} E.DCF = C.DEF = b\,\dfrac{h}{3} \\ E.ACD = o.ACD = D.oAC = \sqrt{Bb}\,\dfrac{h}{3} \end{cases} \left. \right\} \text{Formule} \quad V = \frac{h}{3}\left(B + b + \sqrt{Bb}\right)$$

Volume Tronc Polygonal (On construit Δ Equivalent à polygone, d'où diff^{ces} Egales) Même formule.

Rapport des volumes de 2 Tétraèdres semblables

$$\frac{v}{V} = \left(\frac{a}{A}\right)^3$$

Livre VII

Des corps ronds (Cylindre, Cône, Sphère)

I Du Cylindre

On appelle <u>Cylindre de révolution</u> le corps solide engendré par la rotation d'un rectangle tournant de 360° autour d'un de ses côtés. (ce rectangle se dédoublant en quelque sorte dans chacune de ses positions successives, de façon à laisser chaque fois derrière lui, la trace de son passage)

ABCD étant le rectangle qui va tourner, il est clair que les droites AC et BD étant pp^{res} à l'axe de rotation AB, engendreront chacune un plan pp^{re} à l'axe, et dans ces plans les sommets C et D décriront des circonférences & les circonf.

s'appellent les 2 bases du cylindre.)

Quant au côté CD, la surface qu'il engendrerait s'il se dédoublait constamment de façon à laisser derrière lui chaque fois une ligne droite, est une surface particulière qu'on appelle simplement surface latérale du cylindre, ou encore surface cylindrique.

On voit donc que le corps solide nommé cylindre de révolution est terminé d'une part par 2 cercles p^{les} et égaux, la ligne des centres oo' leur étant p^{re}; d'autre part par une certaine surface bombée douée de la propriété suivante:

qu'une droite $g.c.q.$ p^{le} à la ligne des centres oo' peut y être appliquée, et même peut l'engendrer.

La droite mobile CD s'appelle, pour cette raison - la génératrice du cylindre.

Il y a d'autres cylindres que le cylindre de révolution. Car comme une surface cylindrique peut se définir: toute surface engendrée par une droite qui se meut p^{lt} à elle même en s'appuyant sur une ligne donnée, il suffit de couper une surface cylindrique par 2 plans p^{les} pour avoir un cylindre.

Mais nous n'étudierons ici que l'espèce particulière annoncée c.à.d. le cylindre de révolution, autrement dit le cylindre circulaire droit, et nous l'appellerons souvent tout simplement cylindre.

Évaluation numérique du volume d'un cylindre de révolution

Le cylindre étant un solide terminé par une surface

qui n'est pas plane, il n'y a pas évidemment lieu de
songer à le remplir avec des cubes, unités de volume.
Heureusement que, pour évaluer son volume, les Géomètres
ont pu procéder de la même façon que pour évaluer la
longueur d'une circonférence rigide, où, qu'il n'y a pas
moyen non plus de mesurer directement en y appliquant
dessus une règle divisée et dont on n'a pu parvenir à
évaluer la longueur qu'en la regardant comme une limite:
la limite des périmètres des polygones réguliers inscrits
(voir géom. plane, page 154)

Principe. — Je dis en effet que: <u>le volume de tout cylindre de révolution peut être considéré comme la
limite vers laquelle tendent les volumes de prismes
polygonaux réguliers inscrits quand le n/b de leurs côtés
croît indéfiniment.</u>

Pour justifier cette affirmation, inscrivons dans la base un
hexagone régulier et considérons le volume v_6 du prisme

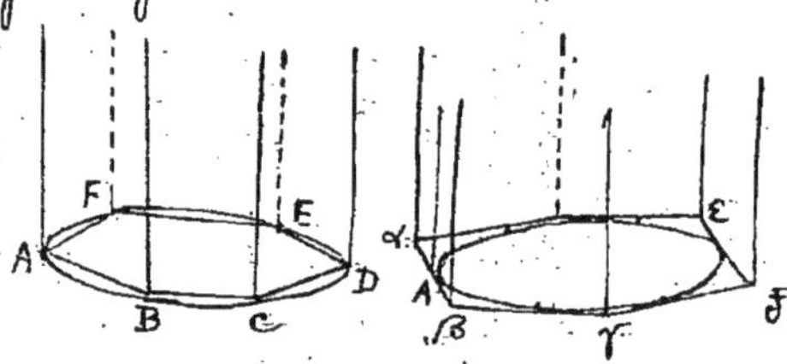

droit inscrit correspondant. On a $v_6 = (\text{Surf. } ABCDEF) \times h$
Si nous circonscrivons un hexagone régulier, on a, pour le
volume V_6 du prisme droit ca inscrit correspondant:

$$V_6 = (\text{Surface } \alpha\beta\gamma\delta\varepsilon\varphi) \times h$$

Et de plus on a certainement $v_6 < V_6$
Aussi si nous doublons le n/b des côtés, d'une part, les
volumes inscrits v_6, v_{12}, v_{24} vont évidemment toujours en
croissant, tout en restant inférieurs à V_6, donc ont une

limite certaine, et d'autre part les volumes ex-inscrits V_6, V_{12}, V_{24} .... vont en décroissant tout en restant su-
périeurs à v_6, donc ont eux aussi une limite certaine.
Mais les volumes v_6, v_{12}, v_{24} .... ont pour limite $\pi R^2 \times h$
et les volumes V_6, V_{12}, V_{24} .... ont pour limite, eux aussi $\pi R^2 \times h$.
Donc les 2 limites précédentes sont les mêmes.
Cela dit, la figure montrant que le cylindre laisse d'un
côté les prismes inscrits auxquels il est supérieur en capacité, et de l'autre les prismes ex-inscrits auxquels la
capacité est toujours inférieure, il est tout naturel que
les géomètres soient tombés d'accord pour dire tous que le
volume du cylindre sera considéré comme la limite des
volumes des prismes inscrits.
Ce principe acquis, il est facile d'établir le théorème
suivant:

Théorème. — __Le volume d'un cylindre circulaire__
__droit, s'obtient en x^{ant} le cercle de base par la hauteur__

En effet, si nous inscrivons dans le haut du cylindre
un polygone et que nous doublions de plus en plus le
nbre des côtés, tous les prismes inscrits correspondants ont
tous un volume v exprimé par le produit $(B \times h)$.
On a donc : $v = B \times h$
et il en résulte : limite de v = limite de $(B \times h)$
or la limite de v est le volume V du cylindre
et la limite du produit $(B \times h)$ est le produit $(cercle \times h)$
On a donc bien $V = cercle \times h$
ce qui démontre le théorème.

La formule qui permet d'évaluer la capacité d'un cylindre
de révolution est, d'après cela, la suivante : $\boxed{V = \pi R^2 h}$

Évaluation numérique de la surface latérale d'un cylindre de révolution.

Le volume du cylindre étant considéré par les géomètres comme la limite vers laquelle tendent les volumes des prismes inscrits dans ce cylindre quand le nombre des éléments de la base croît indéfiniment, il est naturel de regarder la surface latérale d'un cylindre comme la limite vers laquelle tendent dans les mêmes conditions, les surfaces latérales de tous ces prismes inscrits.

[limite qui existe, puisque chaque surface latérale est égale au produit du périmètre $2p$ par la hauteur h et que ce produit tend évidemment vers $2\pi R \times h$]. ___

Il résulte de là qu'il est très facile d'évaluer en mètres carrés, décimètres carrés, etc... la surface latérale d'un cylindre (évaluation qu'on ne saurait faire directement, aucune surface plane rigide ne pouvant être appliquée sur la surface latérale).

Théorème - La surface latérale d'un cylindre s'obtient en ×ant la circonférence de base par la hauteur.

En effet, inscrivons dans la base du cylindre, un polygone régulier. Si nous considérons le prisme droit correspondant, sa surface latérale S qui se compose de n rectangles égaux sera égale à n fois $(AB \times h)$ c.à.d. n (n fois AB) $\times h$, ou enfin égale au périmètre $P \times$ par h

Ainsi on a: $\underline{S} = P \times h$

Cela a lieu quelque grand que soit le nombre des côtés.
on aura donc: limite de $S =$ limite de $(B \times h)$
Or la limite de S est la surface latérale $\underline{S}$ du cylindre

et la limite du produit $(B \times h)$ est le produit $(Circ. \times h)$

Par conséquent la surface latérale du cylindre $= Circ. \times haut^r$

et la formule qui donne S est : $\boxed{S = 2\pi R h}$ c q f d.

Déf. On appelle _Surface totale_ d'un cylindre, la somme des 2 bases et de la surface latérale. On a évidemment, en appelant S' le n/b qui mesure cette surface totale :

$$S' = 2\pi R^2 + 2\pi R h = 2\pi R (R+h)$$

Application numérique.

π étant un n/b incommensurable, les formules $V = \pi R^2 h$, $S = 2\pi R h$ nous montrent que si le rayon et la hauteur du cylindre sont commensurables, jamais on ne pourra calculer exactement ni le volume, ni la surface latérale. On ne pourra le faire qu'approximativement.

Exemple : Calculer le volume et la surface latérale du cylindre où la section diamétrale est un décimètre carré

On aura R valant $\frac{1}{2}$ dm $\begin{cases} V = \dfrac{\pi}{4} = 782 \; \text{dmc.} \quad \text{à 1 cmc. près par défaut} \\ S = \pi = 3 \; \text{dm.q} \; 14 \; \text{cm.q} \; 16 \; \text{mm.q à 1 mm.q près par défaut} \end{cases}$

Ex. 2. Calculer les dimensions d'un cylindre où le rayon est égal à la moitié de la hauteur sachant que la surface latérale est de 1 mètre carré

On doit avoir : $1 = \pi h^2$, $h = \sqrt{\dfrac{1}{\pi}} = \sqrt{0,3183\ldots}$

donc $h = 0,56$ à 1 cm près par défaut.

Remarque. — Si on fend un prisme régulier le long de l'arête AA'', on peut évidemment faire tourner la face $AA''BB''$ autour de BB'', jusqu'à ce qu'elle arrive dans le prolongement de la face adjacente $BB''CC''$

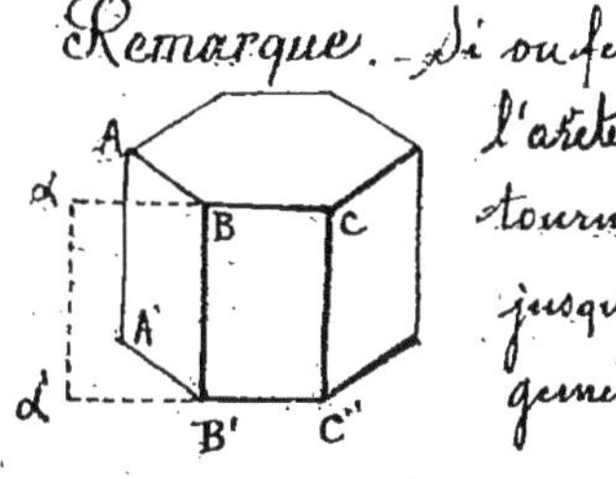

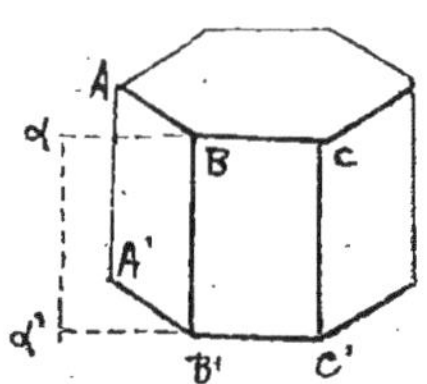

On peut ensuite faire tourner l'ensemble αα'cc' de ces 2 faces autour de cc' et ainsi de suite, de telle sorte que toutes les faces du prisme pourront être amenées dans un même plan unique.

La figure ainsi obtenue s'appelle le développement du prisme. Ce développement est ici un rectangle puisque AB étant pp^{le} à BB', AB vient sur le prolongement de BC, et ainsi de suite.

Quelque grand que soit le nb des côtés de la base, les surfaces latérales de ces prismes sont toujours développables. Donc, cela doit encore avoir lieu à la limite, c.à.d. être vrai pour le cylindre

Par conséquent, tout cylindre creux peut être déroulé suivant un rectangle, et ce développement aura la forme

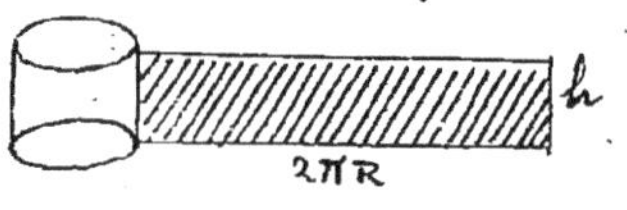

d'un rectangle de surface $2\pi R h$. Réciproquement tout rectangle de dimensions $2\pi R$ et h pourra être exactement enroulé sur un cylindre

II. Du Cône

On appelle cône de révolution le corps solide engendré par la rotation d'un △ rectangle tournant de 360° autour d'un des côtés de l'angle droit [ce △ se dédoublant dans chacune de ses positions de façon à laisser derrière lui la trace de son passage].

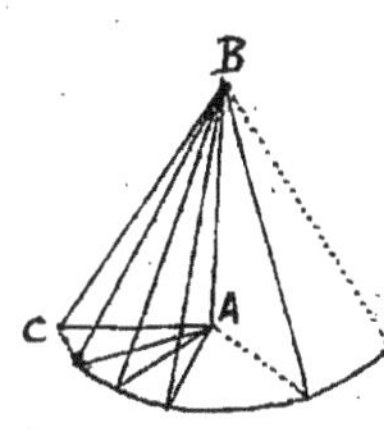

ABC étant le △ rectangle qui va tourner, il est clair que AC restant pp⁻ à l'axe BA se meut dans un plan pp⁻ à l'axe et que le point C y décrit une circonférence (circ. appelée base du Cône).

Quant à l'hypothénuse BC, il engendre une surface d'une espèce particulière dite Surface latérale du Cône ou Surface Conique [Cette droite s'appelle pour cette raison génératrice du Cône et le Sommet B s'appelle sommet du Cône].

On voit que le corps solide appelé Cône de révolution peut être regardé encore comme obtenu en joignant tous les points d'une circonférence à un point extérieur pris sur la pp⁻ menée au plan de ce cercle par le centre. Il y a d'autres cônes que le Cône de révolution (appelé encore Cône circulaire droit) Car comme une surface conique peut se définir Surface engendrée par une droite passant par un point fixe et s'appuyant sur une ligne donnée, il suffira de couper cette surface par un plan pour avoir un solide appelé Cône. Mais nous ne nous occuperons ici que du cône de révolution que nous appellerons souvent tout simplement Cône.

Mesure du volume du Cône de révolution

Principe. - Tout Cône de révolution peut être regardé comme la limite vers laquelle tend le volume d'une pyramide polygonale régulière inscrite dans ce cône, quand le nombre des faces croît indéfiniment.

D'abord cette limite existe.

En effet, si nous inscrivons dans la circonf. de base un polygone régulier et que nous joignons les sommets au sommet S du cône, puis qu'ensuite nous doublions le nb des côtés, le volume v de cette pyramide.

1° va constamment en croissant (puisqu'il s'obtient toujours en $\times^{ant}$ la base b par le $\frac{1}{3}$ de la hauteur h et que b va en croissant)

2° est toujours inférieur au volume de n'importe quelle pyramide fixe ex-inscrite.

Donc ces volumes inscrits v ont une limite certaine.

Mais si nous circonscrivons un polygone régulier au cercle puis que nous doublions le nb des côtés, le volume V de cette pyramide ex-inscrite,

1° Croît constamment

2° est toujours supérieur au volume de n'importe quelle pyramide fixe inscrite.

Donc ces volumes ex-inscrits V ont eux aussi une limite certaine.

Mais ces 2 limites sont les mêmes, car les volumes v tendent vers $\pi R^2 \frac{h}{3}$ et les volumes V aussi.

Les géomètres s'accordent tous à appeler cette limite commune (qui existe) <u>volume du Cône</u> [Et cela est bien naturel, car le corps solide appelé cône, laissé, tout comme la limite en question, d'un côté les pyramides inscrites et de l'autre côté les pyramides circonscrites]

Le principe énoncé est donc nettement justifié.

Théorème. Le nombre qui mesure le volume d'un Cône s'obtient en $\times^{ant}$ sa base par le tiers de sa hauteur.

En effet, si nous inscrivons dans la base, un polyg. régulier et que nous doublions le nbre des côtés, on a toujours pour le volume v de la pyramide inscrite correspondante : $v = B \times \dfrac{h}{3}$

Par conséquent limite de v = limite de $\left(B \times \dfrac{h}{3}\right)$

Or limite de v = Vol. du Cône

et limite de $\left(B \times \dfrac{h}{3}\right) = \left(Cercle \times \dfrac{h}{3}\right)$

Donc Vol. Cône = Circ. de base $\times$ par $\dfrac{1}{3}$ R

Evaluation de la surface latérale du Cône de révol^{on} —

Lemme. — La surface latérale d'une pyramide polygonale régulière est égale au produit du périmètre de base par la moitié de l'apothème.

En effet, on a : $S = n$ fois surface SAB

$$= \left(AB \times \dfrac{SI}{2}\right) \times n$$

$$= (AB \times n) \times \dfrac{SI}{2}$$

$$= \text{périmètre} \times \dfrac{1}{2} \text{ apothème}$$

Si nous appelons P le périmètre et a l'apothème SI,
on a donc : $S = P \times \dfrac{a}{2}$. $\qquad$ C. Q. F. D.

Principe. — L'aire de la Surface latérale d'un Cône est regardée comme la limite vers laquelle tend la surface latérale d'une pyramide polygonale régulière inscrite quand le nbre des côtés croît indéfiniment.

Pour justifier ce principe, il y a 3 choses à démontrer :

104.

1° que la surface latérale S des pyramides inscrites, a une limite [ce qui est facile. puisque le nb $P \times \frac{a}{2}$ qui la mesure, croît sans cesse, P et a croissant tous deux , et qu'il reste inférieur au nb qui mesure la surface de n'importe quelle surface latérale de pyramide fixe circonscrite].

2° - Que la surface latérale S des pyramides polygonales circonscrites a aussi une limite [ce qui est encore facile pour la même raison]

3° Que ces 2 limites sont les mêmes

Pour le voir, il suffit de remarquer que le produit $(P \times \frac{a}{2})$ tend vers le nombre limite $(2\pi R \times \frac{g}{2})$ g désignant la génératrice. Donc S tend vers $\pi R g$, Et il en est de même de S.

Donc les 2 limites sont les mêmes.

Les géomètres conviennent tous d'appeler surface latérale du Cône cette limite commune; d'où le principe énoncé plus haut,

____

Ce principe admis, on a le théorème suivant:

Théorème. - Le nb qui mesure la surface latérale S d'un Cône de révolution s'obtient en x^aut la circonférence de base par la génératrice.

En effet, si nous inscrivons une pyramide régulière dans le Cône, on a, quelque grand que soit le nb des côtés:
$$S = P \times \frac{a}{2}$$
donc la limite de S = limite de $(P \times \frac{a}{2})$
donc S = limite de $P \times$ par limite de $\frac{a}{2}$ (✗)
$$= \text{Circonférence} \times \frac{1}{2} \text{ génératrice.} \qquad C. Q. F. D$$

____

(✗) Nous savons que la limite d'un P^d = Produit des limites.

Remarque. - La génératrice d'un cône étant la limite de l'apothème d'une pyramide régulière inscrite, s'appelle par extension, elle aussi, _l'apothème du Cône_

Si nous appelons R le nb qui mesure le rayon de base du Cône et a le nb qui mesure l'apothème, on la formule :

$$S = 2\pi R \times \frac{a}{2}$$

$$\text{ou} \quad S = \frac{2\pi R a}{2}, \quad \text{ou enfin :}$$

$$\boxed{S = \pi R a}$$

Et cette formule est vraie, que R et a soient entiers, fractionnaires ou incommensurables.

N.B. Comme dans cette formule figure le nb incommensurable π, on voit que jamais la surface latérale d'un cône, ne pourra, avec la formule précédente, s'évaluer exactement en fonction du rayon et de l'apothème (même, si la longueur de la circonférence était un nb commensurable)

Remarque. - Une pyramide régulière creuse pouvant toujours se développer suivant un secteur polygonal régulier, on verrait qu'un Cône de révolution creux peut, lui aussi, se développer suivant un secteur circulaire. Dans la pratique, c'est en construisant sur une feuille de carton, un secteur, et l'enroulant ensuite. que d'ouvrier parvient à construire un Cône de dimensions données.

Du tronc de Cône.

On appelle _tronc de cône_, le solide obtenu en coupant un cône par un plan pll° à la base et enlevant la partie supérieure.

Principe. Les géomètres conviennent de regarder le volume et la surface latérale d'un tronc de cône comme la limite vers laquelle tendent le volume et la surface latérale d'un tronc de prisme polygonal régulier inscrit, quand le nb des côtés croît indéfiniment.

Pour justifier ce principe, il suffit de remarquer que le tronc de cône est la différence entre des 2 cônes.

On a donc: $V =$ volume cône $SAB -$ vol. cône SCD

c. à. d. $V =$ (limite du V des Pyr. inscrites dans le gd cône) − limite du V des pyr. inscrites dans le petit cône)

Or la limite d'une différence = la différence des limites

Donc $V =$ limite de la diffᶜᵉ des V des 2 pyr. = limite tronc de pyramide polygonal (même démonstration pour la surface latérale)

———

Théorème I. La surface latérale d'un tronc de cône s'obtient en $\times^{ant}$ la $\frac{1}{2}$ somme des 2 circonférences de bases par la génératrice.

En effet la surface latérale S d'un tronc de pyram. polygonal inscrit se compose de n trapèzes isocèles

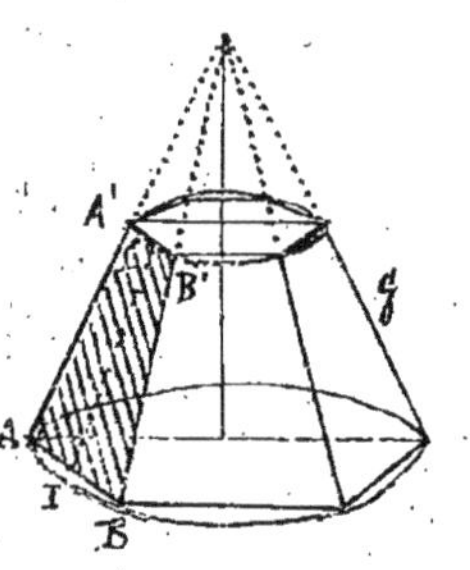

égaux à $ABA'B'$.   On a donc:

$$S = n \text{ fois } ABA'B'$$
$$= n \left(\frac{AB + A'B'}{2} \times II' \right)$$
$$= \frac{n.AB + n.A'B'}{2} \times II'$$
$$= \frac{P + P'}{2} \times a$$

en appelant P et P' les 2 périmètres et a l'apothème II'.

Cela ayant lieu quelque grand que soit le nb des côtés,

On a donc: limite de S = limite de $\left[\left(\frac{P+P'}{2} \times a\right)\right]$

Mais la limite d'un P^t est égale au produit des limites. On a donc: limite de $S = \frac{c+c'}{2} \times g$

En appelant c et c' les 2 circonférences de bases

c. à. d. $S = \frac{c+c'}{2} \times g$ C. Q. F. D

La formule qui donne la surface d'un tronc de cône
est la suivante:

$$S = \frac{2\pi R + 2\pi r}{2} \times g$$

c. à. d $S = (\pi R + \pi r) \times g$

ou enfin, en appelant a le nb qui mesure la génératrice

$$\boxed{S = \pi (R+r) a}$$

Remarque. — On dit souvent que la surface latérale
d'un tronc de cône est égale à la base moyenne x^{ée} par l'apothème. Cela s'explique
aisément en remarquant que la base
moyenne αw du trapèze $A \sigma A' \sigma'$ étant

égale à $\frac{R+R'}{2}$, la circonférence moyenne de centre w vaut
la $\frac{1}{2}$ somme des 2 circonférences de bases.

Théorème. — Le volume d'un tronc de cône peut
être regardé comme la somme de 3 cônes ayant tous
pour hauteur la hauteur du tronc et pour bases, l'un
la grande base, l'autre la petite base, le 3e une moyne
prop^{lle} entre les 2 bases.

En effet, si nous considérons le tronc de pyramide
polygonale inscrit dans le tronc de cône, on a, en appelant B et b les aires des 2 polygones.

volume tronc
polygonal $\left\{ = \frac{Bh}{3} + \frac{bh}{3} + \sqrt{Bb}\, \frac{h}{3} \right.$

Mais la limite d'une somme est égale à la somme des limites. Donc on a :

limite volume tronc polyg. = limite de $B\dfrac{h}{3}$ + limite de $b\dfrac{h}{3}$ + limite de $\sqrt{Bb}\times\dfrac{h}{3}$, c. à. d.

Vol. tronc de Cône $= \pi R^{2}\times\dfrac{h}{3} + \pi r^{2}\dfrac{h}{3} + \sqrt{\pi R^{2}\times\pi r^{2}}\times\dfrac{h}{3}$

$= \begin{cases} 1^{\circ}\ \text{Cône de hauteur } h \text{ ay}^{t}\text{ p}^{r} \text{ base le grand cercle de base} \\ 2^{\circ}\ \underline{\qquad\qquad} h \underline{\qquad\qquad} \text{ petit} \underline{\qquad\qquad} \\ 3^{\circ}\ \underline{\qquad\qquad} h \underline{\qquad\qquad} \text{ une moyenne proportion}^{le} \end{cases}$

entre les 2 cercles de bases. C. Q. F. D.

N. B. La formule qui donne le volume V du tronc de Cône est :

$$V = \frac{\pi h}{3}\left[R^{2}+r^{2}+Rr\right]$$

En effet $\sqrt{\pi R^{2}\times\pi r^{2}} = \sqrt{\pi R r^{2}} = \pi R r$ $\left(\begin{array}{l}\text{puisque la racine}\\\text{d'un produit = Produit}\\\text{des racines}\end{array}\right)$

Donc $V = \pi R^{2}\dfrac{h}{3} + \pi r^{2}\dfrac{h}{3} + \pi R r\dfrac{h}{3} = \pi\dfrac{h}{3}\left(R^{2}+r^{2}+Rr\right)$.

Application numérique. — Calculer la surface latérale et le volume d'un tronc de Cône où $R = 27^{m/m}$ $r = 18^{m/m}$ et $a = 21^{m/m}$.

On trouve $S = \pi\,(27+18)\times 21 = 2968,8\ldots$ [m.m.q.]

c. a. d. $29^{cmq}\,68^{m/mq}9$ à 1^{mmq} près par défaut

puis $V = \dfrac{\pi h}{3}\,(27^{2}+18^{2}+27\times 18)$

mais $h = \sqrt{27^{2}-9^{2}} = 18,973\ldots$

Donc $V = 30577^{m/mc}$ c. à. d. $30^{cmc}\,577^{m/mc}$ à $1^{m/mc}$ près par défaut.

<u>Remarque finale.</u> Les formules qui donnent la surface latérale et le volume d'un cylindre, Cône ou tronc de Cône, peuvent se résumer dans le tableau

suivant :

$$\text{Cyl.}\begin{cases} S = 2\pi R h \\ V = \pi R^2 h \end{cases} \qquad \text{Cône}\begin{cases} S = \pi R a \\ V = \pi R^2 \dfrac{h}{3} \end{cases} \quad \text{Tronc de Cône}\begin{cases} S = \pi (R+r) a \\ V = \dfrac{\pi h}{3}(R^2 + r^2 + Rr) \end{cases}$$

Mais ces formules, il est impossible de les apprendre par cœur. Il serait même imprudent d'essayer de le faire, car elles se ressemblent trop. On ne peut les retrouver qu'en en faisant très vite au préalable, dans sa tête, une démonstration succincte.

<u>Exemple</u>. Pour retrouver la formule de la surface latérale du cylindre, on dira mentalement, et le plus vite possible :

S. latérale cylindre : — Prisme. — Rectangle — base par haut^r — périmètre par hauteur. — Circonf. par hauteur. — $2\pi R h$.

De même pour la surface latérale du Cône, on dira :

S. latérale Cône : surface Pyramide — $\triangle$ — base par $\frac{1}{2}$ haut^r lat^{le} — Périmètre par $\frac{1}{2}$ haut^r latérale — Circ. par $\frac{1}{2}$ génér. $= 2\pi R \dfrac{a}{2} = \pi R a$

etc....

De la sphère

Préliminaires

§1 _ Section plane
§.2 _ Pôles
§.3 _ Plan tangent et droite tg.
§.4 _ Détermination du rayon
§.5 _ Mesure de la surface et du volume

Définition. La sphère est le corps solide engendré par un $\frac{1}{2}$ cercle faisant un tour complet autour de son diam.^e AB.

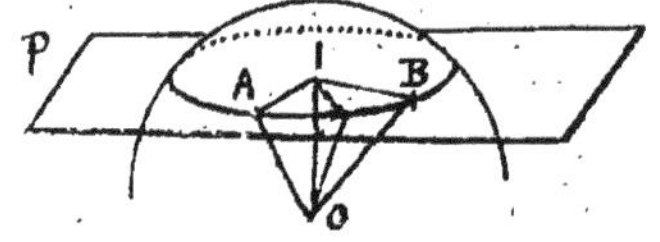

Dans ce mouvement de rotation, il est clair qu'un point c de la circonf. décrit, dans un plan ppᵉ à l'axe, une circonf. dont le centre I est sur l'arc AB.

La surface engendrée par la $\frac{1}{2}$ Circ. ACB s'appelle _surface sphérique_.

On voit que tous les points de cette surface sphérique, sont à égale distance du point intérieur O. Ce point s'appelle _Centre_ de la surface sphérique

Le _rayon_ de la sphère est la distance du centre O à un point quelconque de la surface.

§1 _ Sections planes.

Théorème. _Toute section plane d'une sphère est un Cercle_

Soient A et B 2 points de l'intersection. c.à.d. 2 points qui, sont à la fois sur le plan sécant P et sur la surface sphérique.

Je dis que ces 2 points sont à égale distance du pied I

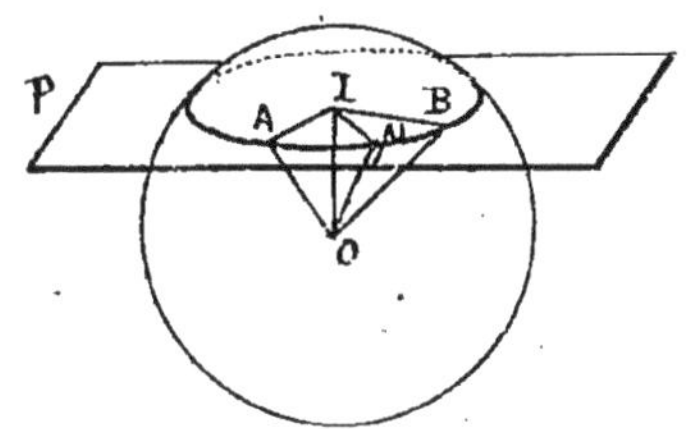

de la ppe OI menée du centre O au plan.

Pour prouver que AI = IB, considérons les 2 Δ OIA et OIB. Ils sont égaux, car ils sont rectangles en I

OI est commun et OA = OB comme rayons de la sphère

Donc IA = IB.

Donc tous les points de la section sont sur une circonférence décrite du pied comme centre, et nulle part ailleurs.

D'ailleurs un point q.c.q. μ pris sur cette circonférence appartient à la section, car d'abord il est dans le plan P; il est ensuite sur la surface sphérique, puisque les Δ IμO et IAO étant égaux (comme ayant les 2 côtés de l'angle droit égaux) Oμ est égal à OA, c.à.d. est égal au rayon de la sphère.

Donc la section plane se compose d'une circonférence tout entière.   C. Q. F. D.

Si on appelle d la distance du centre de la sphère au plan sécant et R le rayon de la sphère, le rayon r de la section vaut $\sqrt{R^2 - d^2}$

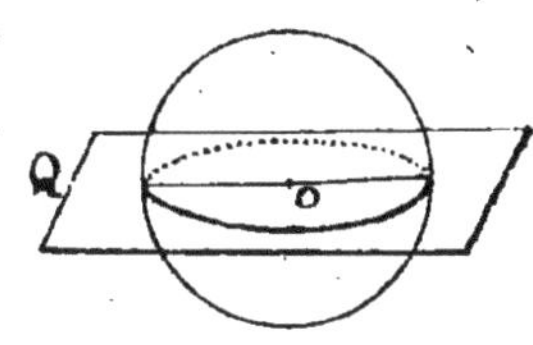

Quand le plan sécant Q passe par le centre de la sphère, la section qui est toujours une circonférence a un rayon égal au rayon R de la sphère.

On l'appelle un grand cercle. Quand le plan

sécant ne passe pas par le centre, la section s'appelle un
__petit cercle__

Il est clair en effet, que le rayon r de la section dans ce 2^d
cas est moindre que dans le 1er cas puisqu'il vaut $\sqrt{R^2 - d^2}$

__Théorème.__ — _L'intersection de 2 grands cercles de la
sphère est un diamètre de la sphère._

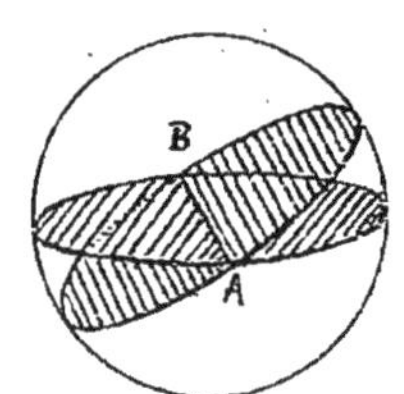

D'abord cette intersection est une droite
puisque 2 plans se coupent suivant une
ligne droite — Ensuite cette droite passe
par le centre de la sphère, puisque O
est un point commun aux 2 plans sécants. Donc cette droite AB est bien

un diamètre de la sphère, et sa longueur vaut $2R$. C.Q.F.D.

__Théorème.__ — _2 petits cercles également distants du centre
sont égaux; — 2 petits cercles inégalement distants du centre
sont inégaux, et le plus grand est celui qui s'en écarte le moins_

En effet, si nous appelons d et d' les distances
des 2 plans sécants au centre O, r et r' les
rayons des petits cercles correspondants, on a:
$$r = \sqrt{R^2 - d^2} \qquad r' = \sqrt{R^2 - d'^2}$$

Si donc $d = d'$, on a: $r = r'$
et si $d > d'$ on a: $r < r'$ $\qquad$ C.Q.F.D.

§.2. Du pôle d'un cercle placé sur une sphère.

On appelle __Pôles__ d'un cercle placé sur une sphère les
deux points P et P' où la ppe menée du centre O sur le
plan de ce cercle perce la sphère. [*]

[*] Une droite Δ ne peut percer la sphère qu'en 2 points. Car le plan P

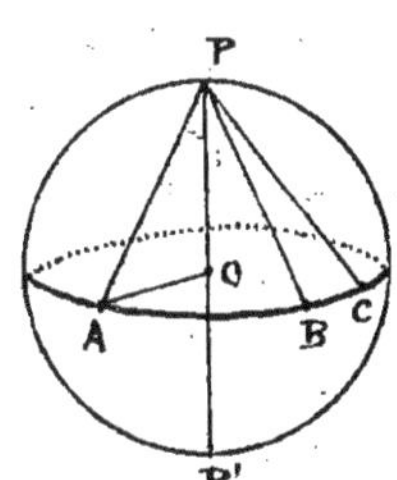 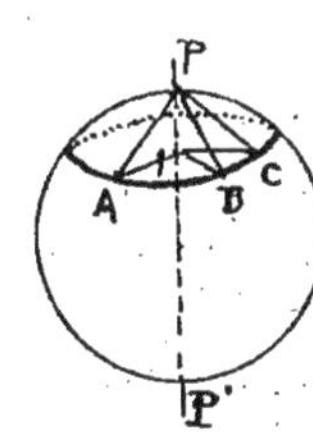

Si on joint par la pensée le pôle P à tous les points du cercle, toutes ces droites sont égales. En effet, PA, PB, PC... sont des obliques également écartées du pied de la pp = PP' (puisque la section est une circonf^ce). Donc elles sont égales entre elles.

On appelle distance polaire d'un cercle placé sur une sphère la longueur PA de la droite (intérieure à la sphère) qu'on obtiendrait en joignant le pôle à un point q.c.q. de ce cercle.

Théorème. — La distance polaire d'un grand cercle est égale à la corde d'un Quadrant.

En effet si nous considérons le $\frac{1}{2}$ grand cercle de la sphère qui passe par PP' et le point A du cercle MON, PP' étant pp^re à OA. Donc l'arc PA est le quart de la circonférence; donc la droite PA est la corde du quadrant, dans ce g^d cercle PAP'.

C. Q. F. D

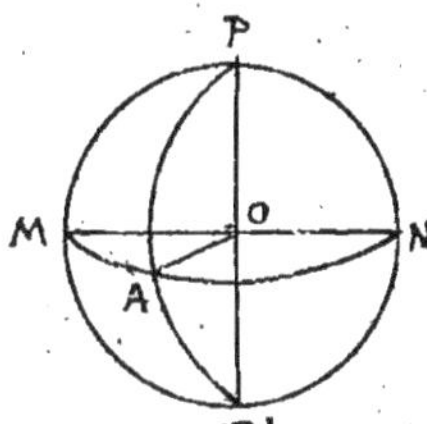

Application.

La considération des Pôles permet de tracer d'un mouvement continu sur une sphère solide, un cercle grand ou petit, il suffit pour cela de prendre un compas ou ordin^re

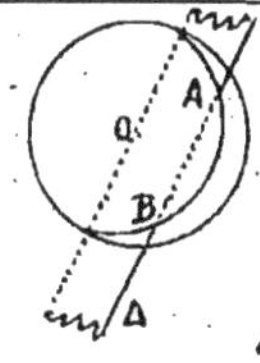 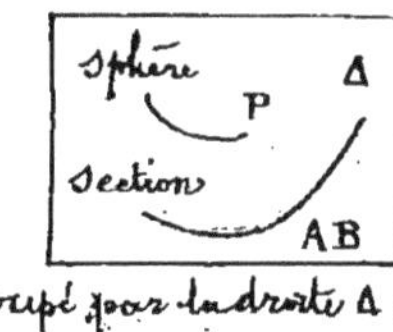

passant par cette droite Δ et le centre O coupola sphère suivant un grand cercle et ce g^d cercle est coupé par la droite Δ seulement en 2 points A et B.

ou à branches recourbées (comme l'indique la figure) (*)

de l'ouvrir, de placer l'une des pointes en un point de la surface sphérique, et d'appuyer l'autre pointe sur la surface. Cette 2ᵉ pointe décrira une circonférence.

En effet, tous les △ rectilignes intérieurs PAO, PBO, PCO......

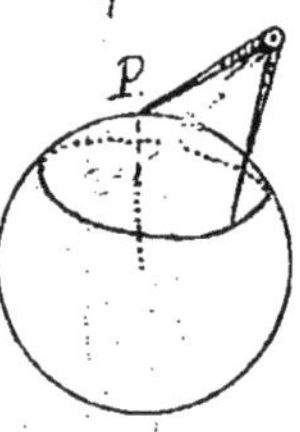
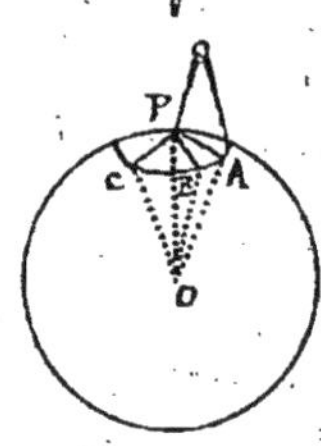

ayant 3 côtés égaux 2 à 2 sont égaux. Donc les points A, B, C..... peuvent être regardés comme engendrés par le mouvement du sommet A d'un △ POA tournant autour de PO, point A qui engendre évidemment une circonférence.

Remarque. - Quand on connaît le rayon de la sphère solide, il est très-facile de déterminer l'ouverture que doit avoir le compas pour que le cercle décrit sur la sphère de P comme pôle ait un rayon donné.

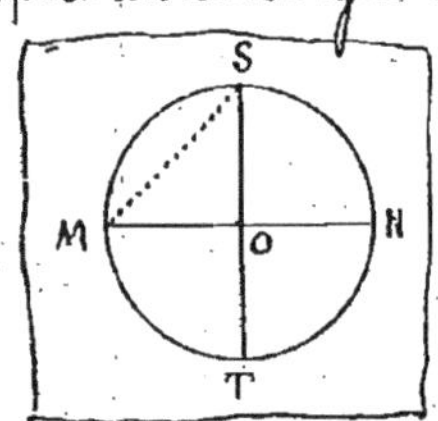

Règle I. Pour placer un grand cercle sur une sphère de rayon donné, il suffit, sur une feuille de papier, de tracer un grand cercle et de mener 2 diamètres pp⁻ˢ MN et ST. SM est l'ouverture de compas nécessaire.

Règle II Pour y placer un petit cercle de rayon r, il suffit, sur une feuille de papier, de construire un △ rectangle IOA ayant pour côté de l'angle droit r et

____

(*) Quand on donne aux branches la forme recourbée, c'est uniquement pour que le compas ne glisse pas sur la surface (on l'appelle alors compas sphérique) on peut apprécier la distance de 2 points aussi bien avec un compas sphérique qu'avec un compas ordinaire. Cette distance est toujours la distance des 2 pointes

pour hypoténuse le rayon R de la sphère, puis de mener la pp͞le A P jusqu'à sa rencontre avec 10 ; p A est la dist. pol͞e du cercle Z, c. à. d. l'ouverture de compas cherchée.

N.B. Tout cercle ayant 2 pôles P et P', il est clair que pour tracer un petit cercle, on fera bien de choisir le pôle situé dans le même hémisphère que les points du cercle à construire

---

§. 3 _ Du plan tangent à une sphère et des droites tangentes.

On dit qu'un plan est <u>tangent</u> à une sphère quand il n'a, avec la surface qu'un seul point commun, tous les autres points étant extérieurs.

Il existe de pareils plans. Pour le prouver, il suffit de démontrer le théorème suivant :

<u>Théorème</u> _ Tout plan <u>pp͞le</u> à l'extrémité d'un rayon d'une sphère, est tangent à cette sphère.

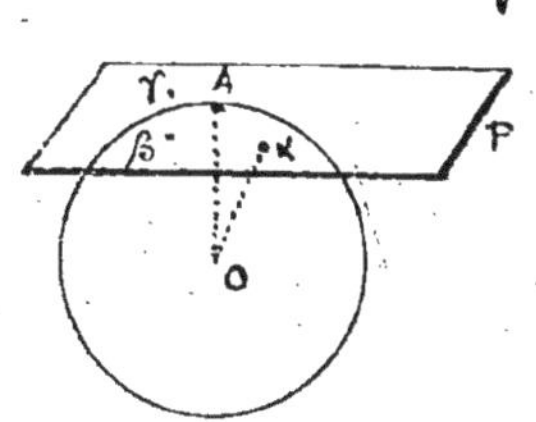

Soit, en effet, P, un plan pp͞le en A à l'extrémité du rayon

Tous les points α, β, γ ..... de ce plan, autres que A sont extérieurs à la sphère. Car $o\alpha, o\beta, o\gamma$ ..... sont des obliques au plan, donc sont plus longues que la pp͞le oA.

On voit donc bien que le plan P n'a qu'un point commun avec la surface sphérique et que les autres points sont extérieurs. Donc ce plan P est bien un plan tangent. C. Q. F. D

Il est évident qu'il peut y avoir d'autres façons d'obtenir des plans tangents en A. Je dis que quelque soit le nouveau moyen employé, le plan tangent est toujours $ppre$ au rayon OA.

Soit, en effet, T un plan tg en A obtenu par un autre procédé que par celui du théorème précédent. T étant, par hypothèse, tg. en A, tous les points α, β, γ autres que A, sont en dehors de la surface sphérique; donc ils sont à une distance du centre O plus grande que le rayon.

Donc OA est la plus courte de toutes des droites allant de O au plan T; donc OA est la $ppre$ à ce plan; donc:

Théorème.- Tout plan tangent à une sphère est $ppre$ à l'extrémité du rayon qui aboutit au point de contact.

Il résulte de là que en un point d'une surface sphérique il n'y a qu'un plan tangent et que pour l'obtenir, il suffit de mener en ce point le plan $ppre$ à l'extrémité du rayon.

Application

Théorème.- Quand 2 plans tg. sont $plls$, les 2 points de contact sont aux extrémités d'une même droite.

En effet, si les 2 plans tangents $plls$ T et T' sont tg. en A et A'

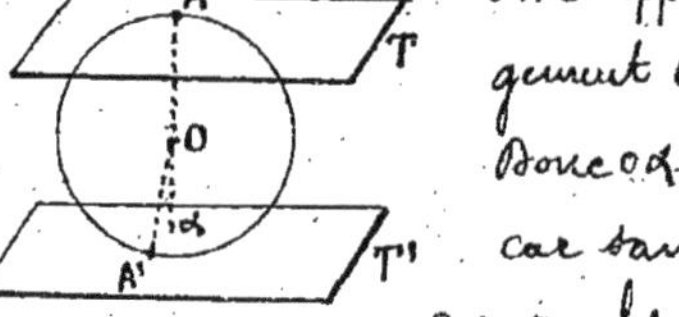

OA est $ppre$ à T. Donc son prolongement Oα est $ppre$ au plan $plle$ T'

Donc Oα doit se confondre avec OA' car sans cela, d'un pt O partiraient 2 normales au plan T'

Donc les 3 points O, A, A' sont en ligne droite. C. Q. F. D.

Définition. On dit qu'une droite est tangente à une sphère quand elle n'a avec cette sphère qu'un seul point commun, tous les autres points étant extérieurs.

Il existe de pareilles droites.

Nous pouvons en effet, énoncer le théorème suivant:

Théorème. Toute droite située dans un plan tangent à la sphère et passant par le point de contact, est tangente à la sphère.

Soit, en effet T, un plan tg. en A à la sphère o. Toute droite MN passant par A dans ce plan, ne saurait avoir un 2ᵉ point sur la surface sphérique. Car sans cela le plan T en aurait 2 aussi. Donc MN n'a qu'un commun. D'ailleurs, tous les autres points du plan T étant extérieurs à la sphère, tous les points de la droite sont aussi extérieurs. Donc nous avons le droit d'appeler cette droite MN, droite tangente à la sphère.   C.Q.F.D

Définition. On appelle cylindre circonscrit, cône circonscrit ou tronc de cône circonscrit à une sphère donnée, un cylindre de révolution, un cône de révolution ou un tronc de cône de révolution, dont, d'une part les génératrices sont tangentes à la surface sphérique, les bases, d'autre part étant tangentes à la sphère.

Il existe de pareilles surfaces.

En effet, considérons un grand cercle $\alpha c \beta$ et menons lui une tg. quelconque AB, p^{lle} au diamètre $\alpha \beta$. Si la figure tourne autour de ce diamètre $\alpha \beta$, la circonférence engendrera une surface cylindrique. Mais dans toutes ces positions nécessaires, la droite AB reste toujours ce qu'elle était au début, de telle sorte que quand le grand cercle $\alpha C \beta$ sera venu en $\alpha c' \beta$, la tangente ACB sera restée tangente en c'. ...

Donc la surface engendrée sera bien une surface cylindrique circonscrite à la sphère le long du cercle $cc'o$ appelé <u>Parallèle de contact</u>

Si on coupe maintenant ce cylindre par les deux plans tangents en α et en β, on aura évidemment un cylindre de révolution circonscrit à la sphère.

Dans le même ordre d'idées, on obtiendra un cône circonscrit à une sphère en imaginant un triangle rectangle $S\alpha A$ dont un côté $S\alpha$ de l'angle droit passe par le centre, l'autre côté $A\alpha$ et l'hypoténuse SA étant tangents tous deux au grand cercle de contour apparent ; ce $\triangle$ tournant autour de $S\alpha$. Dans ce mouvement le $\triangle$ engendre un cône circonscrit à la sphère le long du parallèle cI.

On obtiendrait enfin le tronc de cône circonscrit à la sphère en faisant faire au trapèze birectangle $A\alpha\beta B$, une rotation de $360°$ autour du diamètre $\alpha\beta$. Le tronc de cône est alors circonscrit à la sphère le long du parallèle CD.

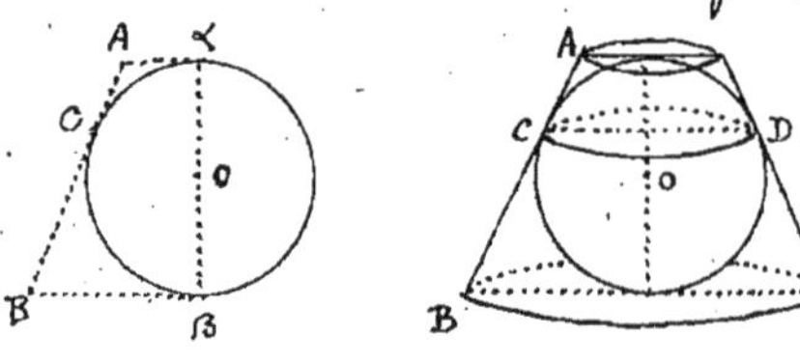

§. 4. Détermination du rayon d'une sphère solide

1° Détermination pratique.

On mène à la sphère 2 plans tangents p^{lles}, et on cherche extérieurement la distance de ces 2 plans.

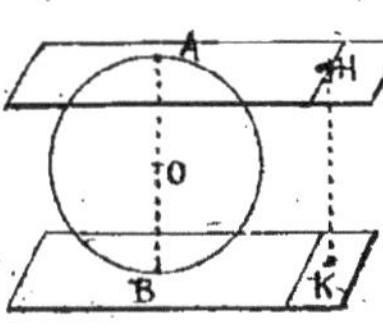

En effet quand 2 plans tg. sont p^{lles}, les points de contact A et B sont ceux extrémités d'un même diamètre pp^{re}

Le diamètre est donc égal à la distance HK de ces 2 plans.

Remarque. Si la sphère repose sur le sol supposé bien horizontal, on se servira d'un <u>niveau à bulle d'air</u> pour placer sur la sphère un plan tangent horizontal. Et la distance de ce plan au sol s'obtiendra à l'aide du <u>fil à plomb</u>

2° Détermination graphique (à l'aide de la règle et du compas) [méthode dite du grand cercle]

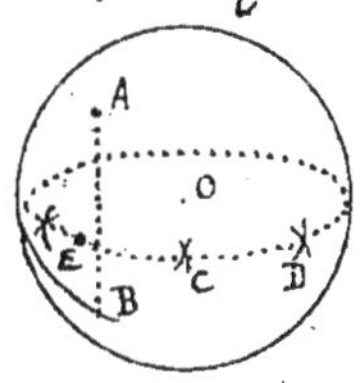

Règle. 1° Sur la surface sphérique on prendra au hasard 2 points A et B

2° de ces points comme pôles, avec une ouverture de compas chaque fois la même on décrira sur la sphère 3 séries de 2 arcs qui se coupent respectivement en C, en D, en E.

3° Sur une feuille de papier, on construira un Δ γδε dont les côtés valent respectivement CD, DE, EC (longueurs faciles à mesurer sur la sphère)

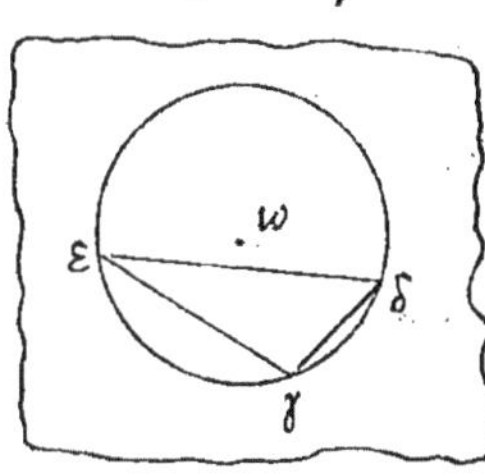

Le rayon du cercle circonscrit à ce Δ γδε sera égal au rayon cherché de la sphère.

Pour justifier cette règle synthétique, remarquons que les points C, D, E étant chacun à égale distance de A et de B sont tous les 3 dans le plan qu'on mènerait par la pensée ppt à la droite AB en son milieu. Mais le centre O de la sphère est aussi dans ce plan (puisque OA = OB) Par conséquent le plan CDE n'est autre que le plan d'un grand cercle de la sphère, ce qui prouve que le cercle circonscrit au Δ CDE est un grand cercle, c.à.d. d'un rayon égal au rayon R de la sphère.

Mais ces cercles circonscrits à 2Δ égaux ont des rayons égaux; il en résulte donc que le cercle ω circonscrit au Δ γδε a un rayon égal au rayon de la sphère. Ce qui justifie notre construction graphique.

3° <u>Détermination graphique</u> dite <u>du petit cercle</u>
(à employer quand la sphère est trop grande, ou quand on n'a à sa disposition qu'un fragment de sphère.)

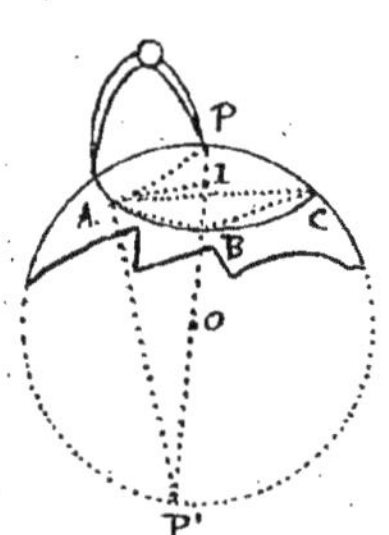

Règle. — 1° d'un point quelconque P comme pôle, on décrit sur la sphère un petit cercle sur lequel on prend au hasard 3 points A, B, C.

2° Sur une feuille de papier, on construit un Δ αβγ dont les côtés valent AB, BC, CA et on circonscrit un cercle à ces Δ αβγ.

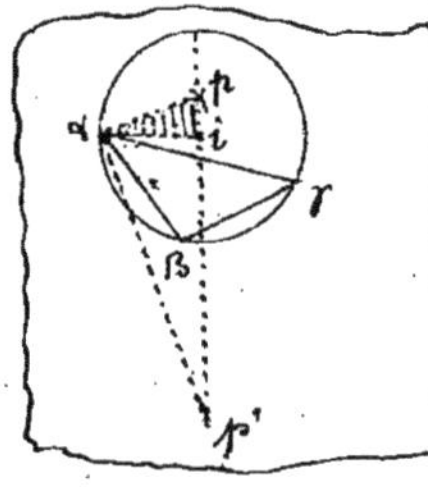

3° Ayant joint le centre i au pt α on construit le Δ rectangle α i p ayant pour hypoténuse la distance polaire comme PA.

4° On mène enfin la ppt α p' à la

droite α p jusqu'à sa rencontre avec la droite pi
pp' est le diamètre cherché de la sphère.

Pour justifier cette construction plane, il suffit de se reporter à la figure de l'espace et de remarquer que l'on a construit sur le papier, un Δ pαp' égal au Δ PAP' situé dans le plan méridien PAO. Par conséquent pp'=PP' donc pp' est égal au diamètre de la sphère.

Mesure de la surface et du Volume de la Sphère

En géométrie plane, pour évaluer la longueur d'une circonférence nous avons été obligés de la considérer comme une limite, et par cela même, il nous a été impossible de l'évaluer exactement. Mais cette non possibilité d'une évaluation exacte n'a pas grand inconvénient car on peut mesurer cette longueur de la circonférence avec autant de décimales exactes qu'on veut; en effet les décimales exactes étant les décimales communes aux périmètres des polygones réguliers inscrits et circonscrits, il suffit de prendre, pour ces polygones réguliers, un nombre de côtés suffisant. —

Nous avons procédé de la même façon en géométrie dans l'espace pour arriver à évaluer les surfaces ou les volumes des cylindres, cônes ou troncs de cônes; nous les avons considérés comme des limites, ce qui nous a permis de les évaluer eux aussi avec telle approximation qu'on veut. Nous allons suivre une marche analogue pour arriver à évaluer approximativement la surface et le volume d'une sphère donnée et nous serons amenés à les regarder aussi comme des limites.

Théorèmes préliminaires pour arriver à la mesure de la surface de la sphère.

Théorème I : _La surface engendrée par un élément de droite tournant autour d'un axe situé dans son plan et ne le traversant pas, est toujours égale au produit de sa projection sur l'axe par une certaine circonférence, cette circonférence ayant pour rayon la pp^e menée à l'élément en son milieu, pp^e limitée à l'axe._

Sa droite AB peut occuper par rapport à l'axe XY 3 positions, lui être p^{lle}, la rencontrer, ou ne pas la rencontrer.

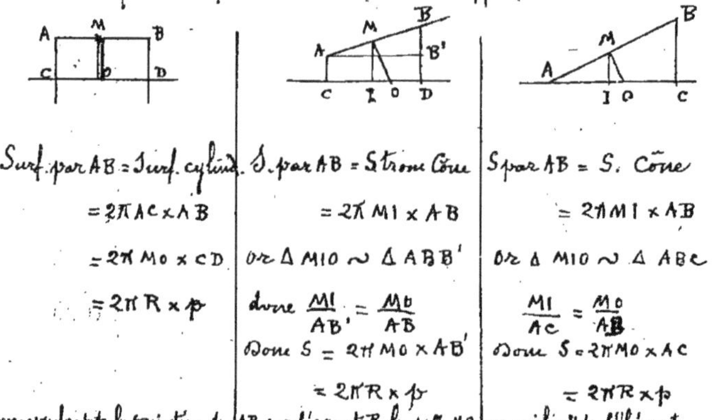

Dans le 1er cas, elle engendre dans sa rotation un cylindre, dans le 2^d cas, un cône, dans le 3e un tronc de cône. Je dis que dans tous les cas, la surface peut s'évaluer en produit d'une circonférence par une droite. En effet, on a :

Surf. par AB = Surf. cylind.	S. par AB = S. tronc Cône	S par AB = S. Cône
$= 2\pi\,AC \times AB$	$= 2\pi\,MI \times AB$	$= 2\pi\,MI \times AB$
$= 2\pi\,MO \times CD$	or $\triangle\,MIO \sim \triangle\,ABB'$	or $\triangle\,MIO \sim \triangle\,ABC$
$= 2\pi\,R \times p$	donc $\dfrac{MI}{AB'} = \dfrac{MO}{AB}$	$\dfrac{MI}{AC} = \dfrac{MO}{AB}$
	donc $S = 2\pi\,MO \times AB'$	donc $S = 2\pi\,MO \times AC$
	$= 2\pi\,R \times p$	$= 2\pi\,R \times p$

en appelant p la projection de AB sur l'axe et R la pp^e MO au milieu de l'élément.

Théorème II. — La surface engendrée par une ligne brisée régulière tournant autour d'un axe passant par son centre et qu'elle ne traverse pas, s'obtient en x^ant la projection de cette ligne brisée sur l'axe par une certaine circ^ce, la circonf^ce inscrite dans la ligne brisée.

Soit, en effet, ABCDE, une ligne brisée régulière de centre O tournant autour d'un d'amètre (qu'elle soit arrêtée ou non

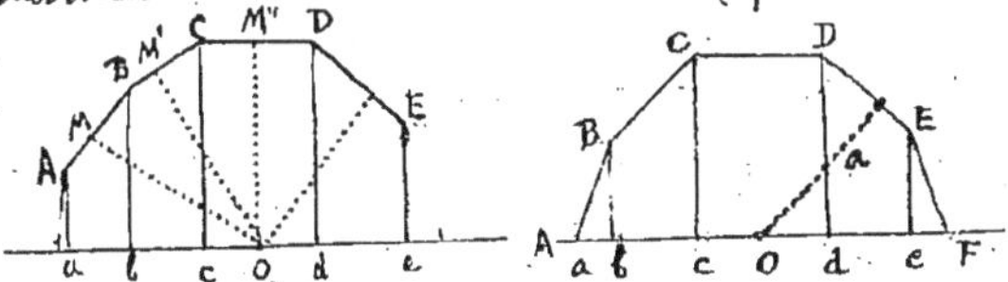

à ce diamètre. On a évidemment, en s'appuyant sur le théorème précédent, et remarquant que toutes les pp^es MO, M'O..... passent par le centre :

Surface par ABCDE = S. par AB + S. par BC + S. par CD + S. par DE +....

$$= 2\pi MO \times ab + 2\pi MO' \times bc + 2\pi M''O \times cd + 2\pi M'''O \times de +....$$

ou, en mettant MO en facteur commun :

$$= 2\pi MO (ab + bc + cd + de +.....)$$

$$= 2\pi MO \times ae$$

$$= 2\pi a \times p$$

en appelant p la projection sur l'axe de la ligne brisée, et a, le rayon de la circonf. inscrite.   C.Q.F.D.

Remarque. — La surface engendrée n'a pas de nom spécial c'est un assemblage de cônes et troncs de cône avec ou sans cylindre.

Th III. — L'aire de la surface engendrée par la rotation autour de son diamètre d'une ligne brisée régulière q.c.q. tend vers une limite déterminée (quand le nombre des côtés de la ligne brisée croît indéfiniment.

En effet, le nb qui mesure la surface engendrée par la ligne CDEF est $2\pi a \times p$; a mesurant l'apothème OI. Or a tend vers R quand le nb des côtés double indéfiniment. Donc le nb $(2\pi a \times p)$ tend vers le nb fixe $2\pi R \times p$.

Par conséquent, l'aire de cette surface engendrée, c.à.d. le nb qui la mesure a une limite.

Définition. — On appelle _Aire de la surface d'une sphère_, le nb limite (dont l'existence vient d'être établie) vers lequel tend l'aire de la surface engendrée par la ligne brisée régulière inscrite dans une $\frac{1}{2}$ circonférence de grand cercle.

Grâce à cette définition, il va nous être facile de mesurer l'aire d'une surface sphérique.

En effet, inscrivons dans un $\frac{1}{2}$ grand cercle une ligne brisée régulière ACDEFB. On a :

aire de la Surf. engendrée par ACDEFB $= 2\pi OI \times 2R$

Donc :

limite de la surf. engendrée $=$ limite de $(2\pi OI \times 2R)$

Or, par définition, limite de la surface engendrée $=$ aire de la sphère et limite de $2\pi OI \times 2R = 4\pi R^2$

($4\pi R^2$ étant la surface d'un grand cercle). On peut donc énoncer le théorème suivant :

Théorème : _Le nb qui mesure la surface d'une sphère est égal à 4 fois le nb qui mesure l'aire d'un grand cercle._

Ce qu'on énonce plus rapidement comme il suit avec des sous-entendus :

La surface d'une sphère est égale à 4 grands cercles.

La formule qui exprime ce résultat est la suivante :

$$S = 4\pi R^2$$

Remarque. - Cette formule nous montre que pour recouvrir une sphère d'une mince couche de peinture, il faudrait autant de couleur que pour recouvrir d'une couche d'égale épaisseur, 4 grands cercles.

Aire d'une Zône sphérique

Définition. On appelle Zône à 2 bases, la portion de la surface d'une sphère comprise entre 2 plans p^{lles} (Ex ABcD).

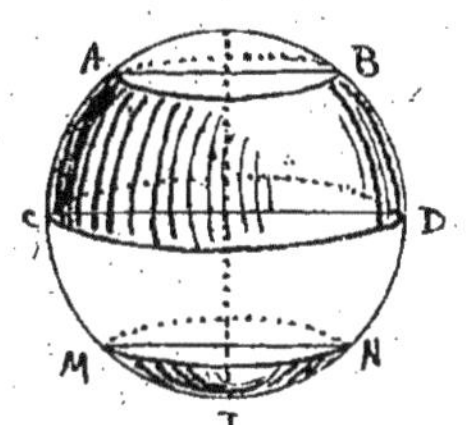

Et Zône à 1 base (ou Calotte sphérique) la portion de la surface sphérique comprise entre 1 plan et 1 plan tang^{t} p^{lle} (Ex MIN)

N.B. Une Zône est une surface, et il ne faut pas la confondre avec la portion du volume de la Sphère comprise entre les 2 plans p^{lles} précédents, volume qu'on appelle segment sphérique, à 2 bases et à 1 base

Toute Zône peut être regardée comme engendrée par un arc de cercle tournant de 360° autour du diamètre. Ainsi l'arc AC engendre la Zône ABCD et l'arc MI engendre la calotte MIN.

Définition. La hauteur d'une Zône est la projection sur l'axe de l'arc générateur

On voit que la hauteur de la zône est la distance des 2

parallèles (plans sécants ou tg.) qui limitent la Zône

Théorème. - L'aire, c.à.d. le nbre qui mesure la surface d'une Zône est égal au produit de sa hauteur par la longueur de la circonférence d'un grand cercle de la Sphère sur laquelle est placée la Zône.

Ce qui s'énonce souvent en abrégé, comme il suit:

L'aire d'une Zône est égale au produit de la circonférence d'un grand cercle par sa hauteur.

Pour démontrer ce théorème remarquons que la Zône étant une surface bombée, son aire, c.à.d. le nb qui l'exprime en m.q. ou cm.q ne peut pas s'obtenir directement en y appliquant dessus un nb déterminé de ces unités planes.

L'idée de limite va encore nous tirer d'embarras.

En effet, si nous inscrivons dans l'arc générateur AB, une ligne brisée régulière, on a démontré un peu plus haut que l'aire de la surface engendrée par cette ligne brisée tournant autour de XOY tend vers un nb limité quand le nb des côtés croît indéfiniment.

Si donc, comme le font tous les géomètres nous convenons d'appeler par définition aire de la Zône ce nb limite vers lequel tend l'aire de la surface engendrée par la ligne brisée régulière inscrite A α β γ B, nous raisonnerons comme il suit:

Pour évaluer la surface engendrée par l'arc AB, inscrivons-y une ligne brisée régulière A α β γ B. On a:

aire de surface par A α β γ B = $2\pi OI \times ab$

donc on aura aussi l'égalité suivante:

limite de l'aire de surf. par $A\alpha\beta\gamma B$ = limite de $(2\pi OI \times a'b')$

en d'autres termes

Aire de Zône = $2\pi R \times ab$

C. Q. F. D.

La formule qui donne l'aire d'une Zône est:

$$\boxed{Z = 2\pi R h}$$

h étant sa hauteur et R le rayon de la sphère sur laquelle elle est placée.

Remarque. — L'aire d'une zône ne dépend en rien des bases; qu'il y ait une ou qu'il y en ait deux, si la hauteur est la même, la zône a même surface.

Applications

Probl. I. Partager la surface d'une sphère en 3 parties égales.	Probl. II. Évaluer la surface engendrée par un hexagone régulier tournant autour du diamètre passant par 1 sommet.	Probl. III. Évaluer la surface engendrée par un hexagone régulier tournant autour de l'apothème OH

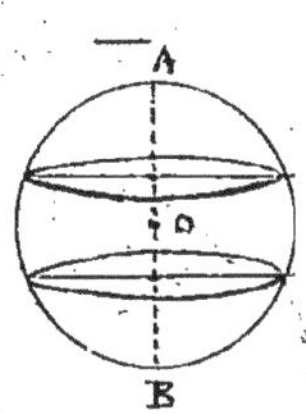

Règle. on partage le diamètre AB en 3 parties égales et par les points de division, on mène des plans pp^{res} à AB

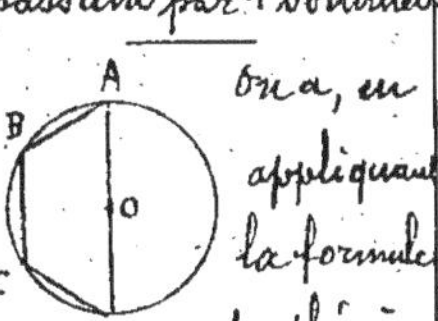

on a, en appliquant la formule du théorème fondamental 2:

$S = 2\pi a \times p$

$= 2\pi a \times 2R$

$= 4\pi R a$

a désignant l'apothème comme de l'hexagone

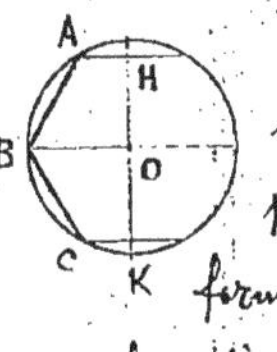

on ne peut ap- pliquer la formule $(2\pi a p)$ qu'à la portion ABC Et il faut y ajouter les 2 cercles de rayon AH et CK

Donc: $S = 2\pi a \times 2a + 2\pi\,\overline{AH}^2$

$= 4\pi a^2 + 2\pi \dfrac{R^2}{4}$

$= 4\pi a^2 + \pi \dfrac{R^2}{2}$

Mesure du Volume de la Sphère

Pour évaluer le volume d'une sphère, il n'y a évidemment pas lieu de chercher à la remplir avec les cubes, unités de volumes.

Et ce n'est que par le raisonnement qu'on y arrive.
Une méthode qu'on indique parfois, mais qui n'est pas rigoureuse, est la suivante :

Circonscrivons à la sphère un polyèdre quelconque et joignons tous les sommets au centre o. Le polyèdre est ainsi décomposé en pyramides ayant toutes même hauteur, à savoir le rayon R de la sphère (puisque toutes les faces constituent des plans tangents). Le nbre qui mesure son volume est donc :

$$V = B \times \frac{R}{3} + B' \frac{R}{3} + B'' \frac{R}{3} + \ldots\ldots \text{ c.à.d. } \frac{R}{3}\left(B + B' + B'' + \ldots\right)$$

$B, B', B'' \ldots$ désignant les aires c.à.d. les nb qui mesurent les faces du polyèdre.

Cela posé, quand le nombre des faces du polyèdre augmente indéfiniment, le solide tend vers le volume de la sphère (admettons-le). $(B + B' + B'' + \ldots)$ tend aussi vers l'aire de la surface de la sphère (admettons-le encore) on aura :

$$\text{volume, Sphère} = \frac{R}{3} \times \text{Surface Sphère}$$

$$\text{d'où la formule : } V = \frac{R}{3} \times 4\pi R^3 = \frac{4}{3}\pi R^3$$

nous disons que le raisonnement précédent n'est pas rigoureux. En effet, on admet sans démonstration deux choses, que le volume du polyèdre circonscrit a une limite et que la somme des bases a aussi une limite. Or jamais on ne doit raisonner de la sorte. Quand on dit qu'une quantité variable a une limite, il faut d'abord démontrer que cette limite existe. C'est ce que nous avons fait pour le cylindre, le cône et la sphère. Or ici, il serait impossible de le prouver.

La marche suivante est absolument rigoureuse; aussi quoique assez longue est ce la seule qu'il faille adopter. Elle a du reste une grande analogie avec celle adoptée pour l'évaluation en nombre de la surface d'une sphère.

Théorème fondamental I. Le volume engendré par un $\triangle$ ABC tournant autour d'un axe XY situé dans son plan passant au moins par un sommet A du $\triangle$ et ne le traversant pas, s'évalue en x^{cube} une surface engendrée par le tiers d'une hauteur; cette hauteur étant celle qui dans le $\triangle$ part du sommet A par où passe l'axe, la surface engendrée étant celle engendrée par le côté BC opposé à ce sommet A.

3 cas peuvent se présenter:

1°. l'axe XY passe par le côté AB auquel cas le volume est un double cône (fig.1) ou un cône percé d'un trou conique (fig.1')

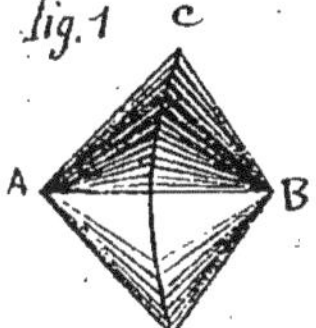

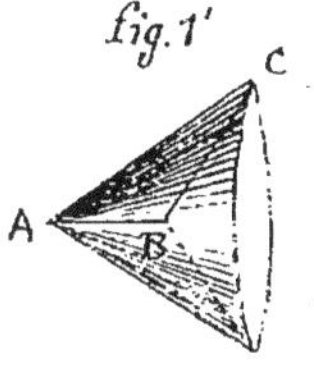

2°. l'axe passe par un seul sommet A du $\triangle$ et n'est pas p^{lle} à BC.

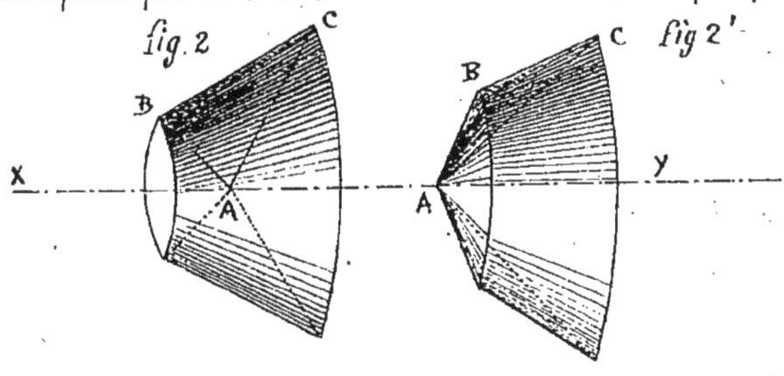

Dans ce cas le volume engendré se compose

ou d'un trone de cône percé de 2 trous coniques (fig. 2)

ou de l'ensemble d'un trone de cône et d'un cône avec un seul

trou conique (fig. 2')

3°: L'axe passe par un seul sommet A et est pl^{le} au côté

opposé BC.

Dans ce cas le solide engendré se compose d'un cylindre

percé de 2 trous coniques (fig. 3) ou de l'ensemble d'un cône et

d'un cylindre avec un seul trou conique (fig. 3')

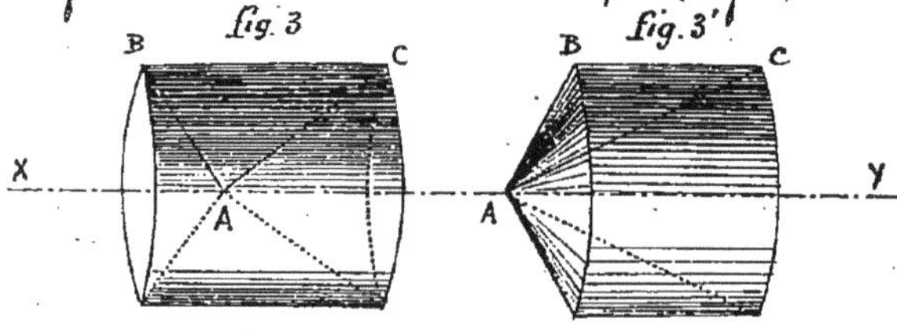

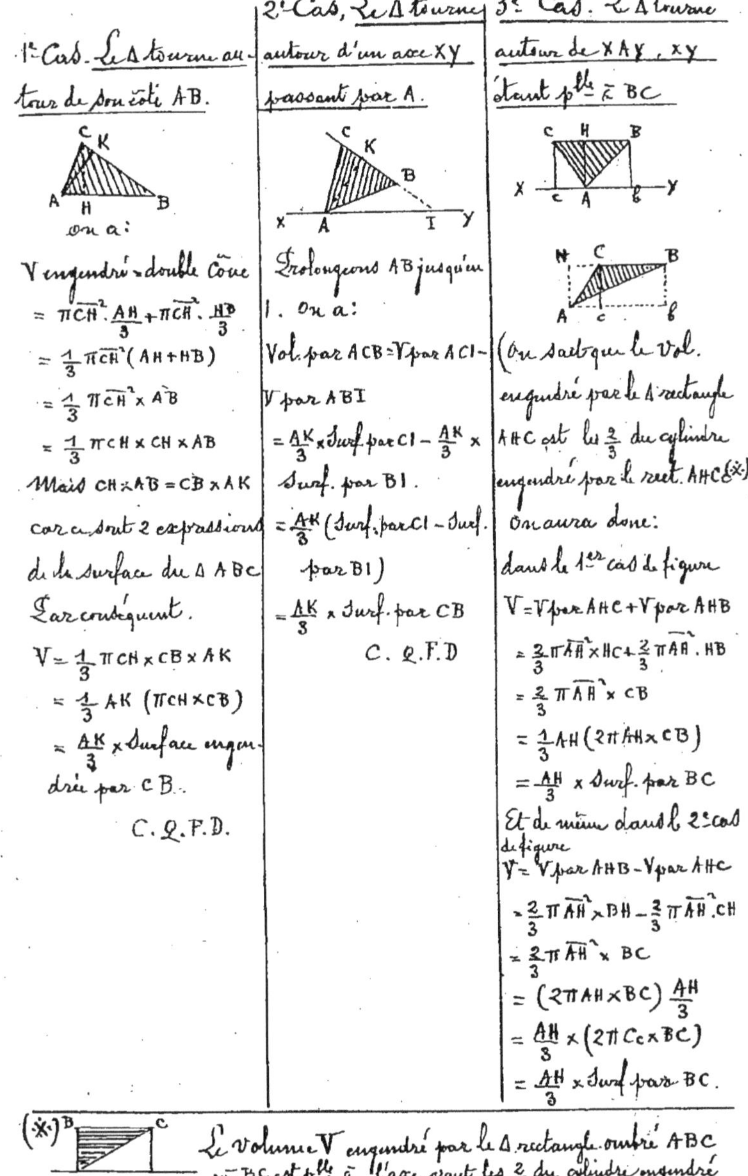

1ᵉʳ Cas. Le △ tourne autour de son côté AB.

on a :

V engendré = double cône
$$= \pi \overline{CH}^2 \cdot \frac{AH}{3} + \pi \overline{CH}^2 \cdot \frac{HB}{3}$$
$$= \frac{1}{3} \pi \overline{CH}^2 (AH + HB)$$
$$= \frac{1}{3} \pi \overline{CH}^2 \times AB$$
$$= \frac{1}{3} \pi CH \times CH \times AB$$

Mais CH × AB = CB × AK

car ce sont 2 expressions de la surface du △ ABC. Par conséquent.

$$V = \frac{1}{3} \pi CH \times CB \times AK$$
$$= \frac{1}{3} AK (\pi CH \times CB)$$
$$= \frac{AK}{3} \times \text{Surface engendrée par } CB.$$

C. Q. F. D.

2ᵉ Cas, Le △ tourne autour d'un axe XY passant par A.

Prolongeons AB jusqu'en I. On a :

Vol. par ACB = V par ACI − V par ABI
$$= \frac{AK}{3} \times \text{Surf. par CI} - \frac{AK}{3} \times \text{Surf. par BI}.$$
$$= \frac{AK}{3} (\text{Surf. par CI} - \text{Surf. par BI})$$
$$= \frac{AK}{3} \times \text{Surf. par CB}$$

C. Q. F. D

3ᵉ Cas. Le △ tourne autour de XAY , xy étant p^{lle} à BC

(On sait que le Vol. engendré par le △ rectangle AHC est les $\frac{2}{3}$ du cylindre engendré par le rect. AHC (※))

On aura donc :

dans le 1ᵉʳ cas de figure

$$V = V \text{ par AHC} + V \text{ par AHB}$$
$$= \frac{2}{3} \pi \overline{AH}^2 \times HC + \frac{2}{3} \pi \overline{AH}^2 \cdot HB$$
$$= \frac{2}{3} \pi \overline{AH}^2 \times CB$$
$$= \frac{1}{3} AH (2\pi AH \times CB)$$
$$= \frac{AH}{3} \times \text{Surf. par BC}$$

Et de même dans le 2ᵉ cas de figure
$$V = V \text{ par AHB} - V \text{ par AHC}$$
$$= \frac{2}{3} \pi \overline{AH}^2 \times BH - \frac{2}{3} \pi \overline{AH}^2 \cdot CH$$
$$= \frac{2}{3} \pi \overline{AH}^2 \times BC$$
$$= (2\pi AH \times BC) \frac{AH}{3}$$
$$= \frac{AH}{3} \times (2\pi Cc \times BC)$$
$$= \frac{AH}{3} \times \text{Surf. par BC}.$$

(※) Le volume V engendré par le △ rectangle ombré ABC où BC est p^{lle} à l'axe vaut les $\frac{2}{3}$ du cylindre engendré par le rectangle ABCD, car V est la 3ᵉ différence entre ce cylindre et le cône ACD. Or celui-ci ne vaut le tiers, puisque Vol. cylindre = $\pi \overline{CD}^2 . AD$ et que Vol. cône = $\pi \overline{CD}^2 . \frac{AD}{3}$. donc $V = \frac{2}{3} \pi \overline{CD}^2 . AD$

Théorème Fondamental II. _Le nombre qui mesure le volume engendré par un secteur polygonal régulier tournant autour d'un diamètre qui ne le traverse pas, s'obtient en x^{ant} la surface engendrée par la ligne brisée polygonale par le $\frac{1}{3}$ de l'apothème._

En effet, on a :

$$\text{Vol par } ABCDEO = \text{Vol par } ABO + \text{Vol par } BCO + \ldots\ldots$$

$$= S.\text{ par } AB \times \frac{OI'}{3} + S.\text{ par } BC \times \frac{OI'}{3} + S.\text{ par } CD \times \frac{OI'}{3} + \ldots$$

$$= \frac{OI'}{3}\left(S.\text{ par } AB + S.\text{ par } BC + S.\text{ par } CD + \ldots \right)$$

$$= \frac{OI'}{3} \times \text{Surface par } ABCDE$$

$$\text{C. Q. F. D.}$$

Théorème fondamental III. _Le nombre qui mesure le volume engendré par un secteur polygonal régulier tournant autour d'un diamètre qui le laisse tout entier d'un même côté, tend vers une limite déterminée quand le nombre des côtés double indéfiniment._

En effet, le nombre qui évalue le volume peut s'écrire :

$$V = \frac{a}{3} \times (2\pi a \times p)$$

le n/b a désignant l'apothème et le n/b p la projection sur l'axe. Or quand le n/b des côtés double indéfiniment, le 1er facteur $\frac{a}{3}$ tend vers $\frac{R}{3}$, le 2e facteur $(2\pi a p)$ tend vers $2\pi R p$. Le produit tend donc vers le n/b fixe $\frac{R}{3} \times (2\pi R p)$

Donc V tend vers une limite bien déterminée.   C. Q. F. D.

Définition. _On convient d'appeler n/b qui mesure le volume de la sphère, le nombre limite vers lequel tend l'expression du volume engendré par $\frac{1}{2}$ polygone régulier inscrit, tournant autour de son diamètre quand le n/b des côtés croît indéfiniment._

Cette définition admise, le volume de la sphère s'évalue aisément en nombres. En effet, on a:

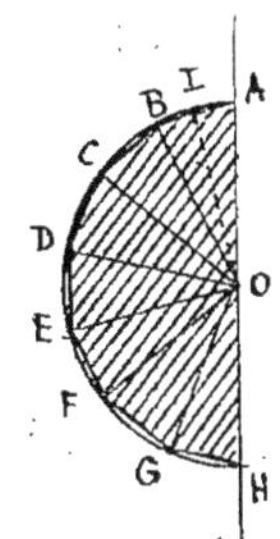

$$V \text{ par OABCDEFGH} = (\text{Surf. par ABCDEFGH}) \times \frac{1}{3} \text{ OI}$$

Par conséquent limite de

$$V \text{ par ABCDEFGH} = \text{limite du P}^{\text{t}} \left[\text{Surf p. ABCDEGH} \times \frac{\text{OI}}{3} \right]$$

c. à. d:

$$\text{Volume de sphère} = \text{Surface par } \frac{1}{2} \text{ Circ.} \times \frac{R}{3}$$

$$\text{Vol. de sphère} = \text{Surface sphérique} \times \frac{R}{3}$$

Donc:

Théorème. _Le nombre qui mesure le volume d'une sphère s'obtient en x^{ant} l'aire de la surface sphérique par le tiers du rayon._

Corollaire. La formule qui sert à évaluer le vol V de la sphère est la suivante:

$$V = 4\pi R^2 \times \frac{R}{3} \qquad \text{c. à. d:}$$

$$\boxed{V = \frac{4}{3}\pi R^3}$$

Remarque. Si on connaît le diamètre D de la sphère, on a:

$$\boxed{V = \frac{1}{6}\pi D^3}$$

En effet $R = \dfrac{D}{2}$; Donc $V = \dfrac{4}{3}\pi\left(\dfrac{D}{2}\right)^3 = \dfrac{4}{3}\pi\dfrac{D^3}{8} = \dfrac{4\pi D^3}{3\times 8} = \dfrac{\pi D^3}{6} = \dfrac{1}{6}\pi D^3$

Le nb π figurant dans cette formule, on voit que jamais le volume d'une sphère ne peut être évalué exactement, seulement cela n'aura pas grand inconvénient, car on pourra toujours l'évaluer avec autant de décimales exactes qu'on voudra.

Volume du Secteur sphérique.

On appelle <u>secteur sphérique</u> le volume engendré par un secteur circulaire tournant de $360°$ autour d'un diamètre qui ne le traverse pas.

Dans le cas de la figure ce volume a la forme d'un segment sphérique sur-monté d'un cône avec un

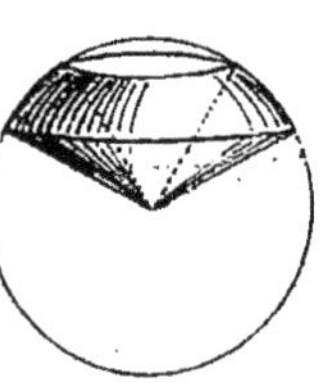
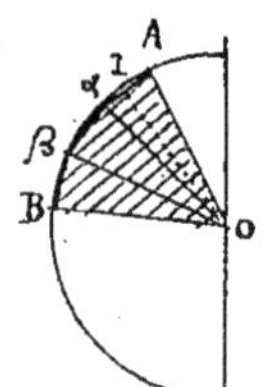

trou conique qui le traverse entièrement.

Pour évaluer ce volume en nombre, on le regardera encore par définition comme la limite vers laquelle tend le volume engendré par un secteur polygonal régulier inscrit $A\alpha\beta BO$, quand le nbre des éléments tels que $AO\alpha$ double indéfiniment, limité qui existe (ou l'a démontré). On raisonnera dès lors comme il suit:

On a: Volume V du Secteur polygonal $=$ Surface engendrée par $A\alpha\beta B \times \dfrac{OI}{3}$. Par conséquent:

limite du nb $V =$ limite du produit (Surface par $A\alpha\beta B \times \dfrac{OI}{3}$)

Donc Volume du secteur sphérique $=$ Zone $AB \times \dfrac{R}{3}$

Donc:

<u>Théorème.</u> — <u>Le nbre qui mesure le volume d'un secteur sphérique est égal au produit du nbre qui mesure la Zone qui le limite par le $\dfrac{1}{3}$ du rayon.</u>

La formule qui donne le vol. V d'un secteur sphérique est donc la suivante.

$$V = 2\pi R h \times \frac{R}{3}$$

ou encore:

$$V = \frac{2}{3}\pi R^2 h$$

Remarque générale. La théorie qui précède nous montre que les n.b. mesurant les volumes engendrés par la rotation d'un △ ou d'une somme de △ égaux, ou encore par la limite de cette somme de △ égaux, s'obtiennent

tous par une seule et même formule qu'on peut écrire :

$$\boxed{\text{Vol.} = \text{Surface engendrée} \times^{\text{ée}} \text{par } \tfrac{1}{3} \text{ hauteur}}$$

Cette formule permettra facilement d'évaluer les volumes engendrés par un polygone régulier tournant autour d'un diamètre ou d'un apothème. Par exemple, dans le cas de l'hexagone, on aura :

1ᵉʳ Cas. L'hexagone, de rayon R tourne autour du diamètre AB

2ᵉ Cas. L'hexagone tourne autour de l'apothème OI.

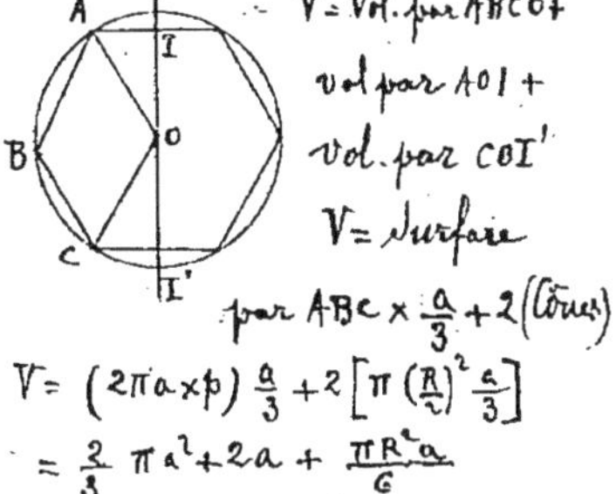

a désignant le n.b. qui mesure l'apothème.

On a :

$$V = \text{Surf par ACDB} \times \tfrac{1}{3} a$$
$$= (2\pi a \times p) \times \tfrac{1}{3} a$$
$$= (2\pi a \times 2R) \tfrac{a}{3}$$
$$= \tfrac{4}{3} \pi R a^2$$

$V = $ Vol. par ABCO + vol par AOI + vol. par COI'

$$V = \text{Surface par ABC} \times \tfrac{a}{3} + 2\,(\text{Cônes})$$
$$V = (2\pi a \times p) \tfrac{a}{3} + 2\left[\pi \left(\tfrac{R}{2}\right)^2 \tfrac{a}{3}\right]$$
$$= \tfrac{2}{3} \pi a^2 + 2a + \tfrac{\pi R^2 a}{6}$$
$$= \tfrac{4\pi a^3}{3} + \tfrac{\pi R^2 a}{6}$$

N.B. Tous ces résultats sont homogènes, c.à.d. expriment des mètres cubes, ce qui doit toujours avoir lieu et constitue un excellent mode de vérification des calculs en géométrie.

Application finale à l'évaluation du volume d'un anneau sphérique et d'un segment sphérique.

On appelle __anneau sphérique__ le volume engendré par un segment de cercle tournant autour d'un diamètre qui ne le traverse pas. On voit, en effet que le solide engendré a la forme d'un anneau bombé extérieurement et limité intérieurement par un tronc de cône.

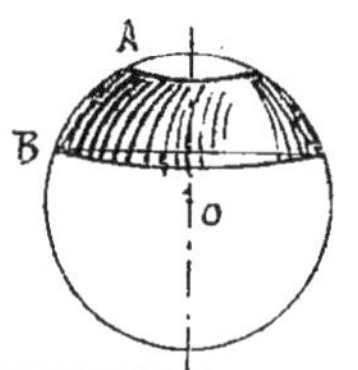

Les 2 formules générales qui précèdent, à savoir :

$$\boxed{\text{Surface engendrée} = 2\pi\, a \times y} \quad \text{et} \quad \boxed{\text{Vol. engendré} = \text{Surf. engendrée} \times \frac{h}{3}}$$

permettent facilement d'évaluer ces volumes.

I. Anneau sphérique

$$\text{Vol. par } ABC = \text{Vol. par Secteur} - \text{Vol. par } \triangle.$$

$$= \text{Surf. par arc } AB \times \frac{R}{3} - \text{Surf. par Corde } AB \times \frac{OI}{3}$$

$$= (2\pi R . h)\frac{R}{3} - (2\pi OI \times h)\frac{OI}{3}$$

$$= \frac{2}{3}\pi R^2 h - \frac{2}{3}\pi \overline{OI}^2 \times h$$

$$= \frac{2}{3}\pi h \left(R^2 - \overline{OI}^2 \right)$$

$$= \frac{2}{3}\pi h . \overline{AI}^2$$

$$= \frac{2}{3}\pi h \left(\frac{AB}{2} \right)^2$$

$$= \frac{1}{6}\pi \overline{AB}^2 \times h$$

Donc :

Théorème — L'anneau sphérique a un volume égal au $\frac{1}{6}$ d'un cylindre ayant pour rayon la corde et pour hauteur sa projection sur l'axe.

II. Segment sphérique à 2 bases

$$\text{Vol.} = \text{Vol. eng. par le trapèze mixtiligne } ACB\, a\, b$$

$$= \text{Vol. anneau} + \text{Vol. tronc de cône}$$

$$= \frac{1}{6}\pi \overline{AB}^2 . h + \frac{\pi h}{3}(B^2 + b^2 + Bb)$$

en appelant h, la projection de l'arc, B et b, les 2 rayons Bb et Aa.

Mais on a : $\overline{AB}^2 = h^2 + (B - b)^2$

Donc $V = \frac{1}{6}\pi h\left[h^2 + (B - b)^2 \right] + \frac{\pi h}{3}(B^2 + b^2 + Bb)$

$$= \frac{1}{6}\pi h^3 + \frac{1}{6}\pi h\left[B^2 + b^2 - 2Bb \right] + \frac{\pi h}{6}(2B^2 + 2b^2 + 2Bb)$$

$$= \frac{1}{6}\pi h^3 + \frac{\pi h}{6}\left[3B^2 + 3b^2 \right]$$

$$= \frac{1}{6}\pi h^3 + \pi B^2\frac{h}{2} + \pi b^2\frac{h}{2}$$

$$= \text{Sphère} + 2\,\text{Cylindres}. \quad \text{Donc :}$$

Th. Le volume d'un segment sphérique à 2 bases, équivaut à la somme d'une sphère dont le diamètre serait égal à sa hauteur et de 2 cylindres qui auraient p^r bases les 2 bases du segment, la hauteur commune étant sa $\frac{1}{2}$ hauteur

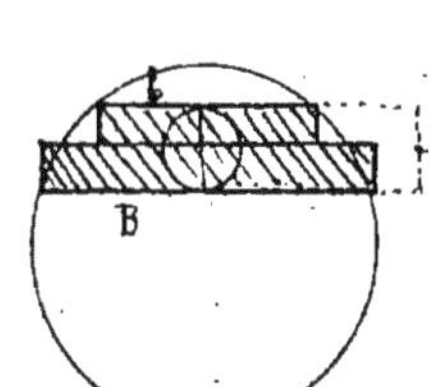

La figure ci-contre permet de retenir facilement ce résultat.

3°. Volume du segment sphérique à 1 base.

Le résultat précédent étant vrai quelque petite que soit la petite base, on voit que le nb qui mesure le volume du segment à 1 base sera la somme des volumes d'une sphère et d'un seul cylindre (ainsi que le montre la figure ci-dessous

On aura donc pour le nombre V :

$$V = \pi \frac{h^3}{6} + \pi B^2 \frac{h}{2}$$

mais on a :

$$B^2 = h(2R - h)$$

Donc : $V = \frac{\pi h^3}{6} + \frac{\pi h^2}{2}(2R - h)$

c. à. d :

$$\boxed{V = \pi h^2 \left(R - \frac{h}{3} \right)}$$

formule homogène (puisque le 2ᵈ membre représente des mètres cubes ou des dm. cubes) et qu'il est bon de chercher à retenir.

$FIN.$

Résumé synoptique du VIIᵉ Livre
(Cylindre — Cône — Sphère)

I Cylindre

Définit. Corps engendré par un rectangle tournant.
Pour arriver à évaluer en mètre carré l'aire de sa surface latérale
1° on démontre que si on y inscrit un prisme polyg. régulier, le nombre qui mesure la surface latérale de ce prisme tend vers une limite déterminée, quand le nb des côtés double indéfiniment.
2° on convient d'appeler Aire de la surface latérale d'un cylindre le nombre limite vers lequel tend l'aire de la surface latérale d'un prisme polygonal inscrit
Il en résulte alors le théorème suivant:

Théorème. — L'aire de la surface latérale d'un cylindre s'obtient en x^{aut} le nb qui mesure la circonférence de base par le nb qui mesure la génératrice.

Formule: $S = 2\pi R h$ S étant l'aire. c. à. d. le nb qui mesure la surface latérale R et h étant les nb qui mesurent le rayon et la hauteur

Pour arriver à évaluer en nbre le volume d'un cylindre, on démontre d'abord que le volume d'un prisme polyg. inscrit tend vers une limite, puis on convient d'appeler volume d'un cylindre ce nb limite, et on a alors le théorème suivant.

Théorème. — Le nombre qui mesure le volume d'un cylindre s'obtient en x^{aut} le nombre qui mesure l'aire du cercle de base par le nb qui mesure la hauteur.

Formule. $V = \pi R^2 h$

On a : Surface totale $= 2\pi R^2 + 2\pi R h$

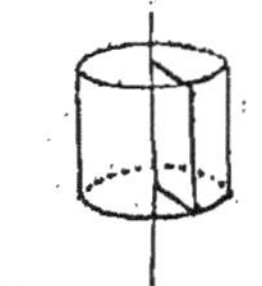

II Cône

Définition. On appelle <u>Cône de révolution</u> le solide engendré par un $\triangle$ rectangle tournant autour d'un côté de l'angle droit.

<u>Mesure de la surface conique</u>.

Comme on ne peut comparer une surface plane qu'à une autre surface plane

1° On démontre que si on inscrit dans le cône une pyramide polyg. régulière, le nb qui mesure la surface latérale de cette pyramide tend vers une nb limite bien déterminé quand le nb des côtés double indéfiniment.

2° On convient d'appeler <u>Aire de la surface latérale d'un cône</u> ce nb limité vers lequel tend l'aire de la surface latérale d'une pyramide polyg. inscrite.

On démontre alors facilement le théorème suivant:

Théorème. - <u>L'aire de la surface latérale d'un cône s'obtient en x^{ant} le nbre qui mesure la circonf. de base par la moitié du nb qui mesure sa génératrice.</u>

Formule : $\boxed{S = \pi R a}$

S étant le nb qui mesure la surface latérale.
R et a étant les nb qui mesurent le rayon et la génératrice (qu'on appelle souvent <u>l'apothème du cône</u>)

<u>Mesure du Volume du Cône</u>.

1°. On démontre que le nbre qui mesure le volume d'une pyramide polyg. inscrite <u>tend vers un nb limite</u> bien déterminé, quand le nb des faces double. indéfiniment.

2°. On convient d'appeler <u>Volume du Cône</u> ce nb limite
On démontre alors aisément le théorème suivant:

Théorème. - <u>Le nombre V qui mesure le volume d'un cône s'obtient en x^{ant} le nb qui mesure l'aire de la base par le $\frac{1}{3}$ du nb qui mesure la hauteur</u>

Formule : $\boxed{V = \pi R^2 \dfrac{h}{3}}$

IIbis Tronc de Cône.

Définition. — Pour pouvoir évaluer sa surface et son volume, on le regarde encore comme une limite, la limite vers laquelle tend la surface latérale ou le volume d'un tronc de pyramide polyg. régulière inscrite, quand le nb des côtés croît indéfiniment.

d'où les 2 formules donnant les nombres S et V:

$$S = \pi(R+r)\,a \qquad et \qquad V = \frac{\pi h}{3}(R^2+r^2+Rr)$$

Remarque. — La surface latérale d'un tronc de cône est encore égale à la circonférence moyenne MN x^{ée} par l'apothème.

III. Sphère

Définition. — Corps engendré par la rotation d'un $\frac{1}{2}$ cercle

Théorème. — Toute section plane est un cercle

on a la relation: $\qquad d^2 = R^2 - r^2$

Définition du grand cercle. $\qquad\qquad$ L'intersection de 2 grands cercles est un diamètre.

Pôles et distance polaire

Tracé d'un petit cercle sur une sphère avec un compas sphérique

Tracé d'un grand cercle.

Plan tangent à la sphère. Définit. — Il en existe — Car tout plan pp^{re} à l'extrémité d'un rayon est tangent.

$\qquad\qquad$ Quel que soit le procédé employé, tout plan tg. est pp^{re} au rayon

Droites tangentes à la sphère. — Définition. — Il en existe —

Application au cylindre, cône ou tronc de cône circonscrit à une sphère

Problème. — Trouver le rayon d'une sphère solide.

$\qquad$ 1° par plans tg. jrtes

$\qquad$ 2° par la méthode dite du grand cercle

$\qquad$ 3° par la méthode dite du petit cercle

Mesure de la surface sphérique.

On peut résumer dans le tableau suivant la suite des théorèmes, et établir la formule générale $\boxed{S = 2\pi a \times p}$

Surf. par AB = tronc Cône $= 2\pi\, MI \times AB$ Or Δ semblables donnent $\dfrac{MI}{AC} = \dfrac{MO}{AB}$ donc: $S = 2\pi\, MO \times AC$ $= 2\pi a \times p$ en appelant p le nb ab et a la pp^{le} MO au milieu de l'élément	Surf. par AB = Cône $= \pi BC . AB$ $= 2\pi\, MI \times AB$ Or Δ semb. donnent $\dfrac{MI}{AC} = \dfrac{MO}{AB}$ donc: $S = 2\pi\, MO \times AC$ $= 2\pi a \times p$	$S.$ par A B = Cylindre $= 2\pi\, Ao \times A'B$ $= 2\pi\, MO \times ab$ $= 2\pi a \times p$	$S.$ par ABCDE = $= S$ par ligne brisée rég. $= 2\pi oi \times ab + 2\pi oi' \times bc$ $+ 2\pi oi'' \times cd + \ldots$ $= 2\pi oi\,(ab + bc + cd + \ldots)$ $= 2\pi a \times p$ en appelant a l'apothème OI.	Théorème. Le nb précédent $2\pi a \cdot p$ tend vers une limite à savoir: $\qquad 2\pi R \times p$ Convention. on appelle aire de la Sphère le nb limite vers lequel tend l'aire de la $S.$ engendrée par un $\frac12$ polyg. régulier.	Surface Sphère Théorème. L'aire d'une surface sphérique vaut 4 grands cercles. En effet: $S.$ par ABCDE..H $= 2\pi a . p . $ $\qquad = 2\pi a . 2R$ donc limite de $S =$ limite de $(2\pi a \times 2R)$ donc aire de $S.$ sphérique $= 2\pi R \times 2R = 4\pi R^2$ $\boxed{S = 4\pi R^2}$

Application à la Zône. Définition. Théorème. L'aire d'une Zône est égale au produit de sa hauteur par la circonf. d'un grand cercle

$$\boxed{Z = 2\pi R h}$$

On y arrive en regardant encore l'aire de la Zône comme le nb limite de la surface engendrée par une ligne brisée inscrite dans l'arc générateur.

N.B. L'aire d'une Zône ne dépend que de sa hauteur.

Mesure du volume d'une sphère

On peut résumer dans le tableau suivant les théorèmes nécessaires et établir la formule générale $\boxed{V = \text{Surf. eng.} \times \dfrac{h}{3}}$

			Vol. de Sect° polyg. rég.	Vol. de la sphère	Vol. du Secteur Sphérique
Vol. eng. = double Cône $= \pi \overline{CI}^2 \left(\dfrac{BI + AI}{3} \right)$ $= \dfrac{1}{3} \pi \overline{CI}^2 . AB$ or, on a : $AB \times CI = BC \times AH$ Donc $V = \dfrac{1}{3} \pi CI \times (BC \times AH)$ $= (\pi CI \times BC) \dfrac{AH}{3}$ $= S.$ par $BC \times \dfrac{3 AH}{3}$ C.Q.T.D	$V = V.$ par $ABO - V$ p. ACO $= S.$ par $BO \dfrac{AH}{3} - S_{p.CO} \times \dfrac{AH}{3}$ $= \dfrac{AH}{3} (S.$ par $BO - S.$ par $CO)$ $= S.$ par $BC \times \dfrac{AH}{3}$ C.Q.F.D.	Lemme. - Le Vol. p. ACH $= \dfrac{2}{3} Vol.$ cylindre p. $AHCO$ $V = V. ACH + V. ABH$ $= \dfrac{2}{3} \pi \overline{AH}^2 . CH + \dfrac{2}{3} \pi \overline{AH} . BH$ $= \dfrac{2}{3} \pi \overline{AH}^2 . CB$ $= \dfrac{2}{3} \pi CO . CB . \dfrac{AH}{3}$ $= S.$ par $CB \times \dfrac{AH}{3}$. C.Q.F.D.	$V = V$ par $ABO + V$ par $BCO + ...$ $= S. p. AB \times \dfrac{OI}{3} + S p. BC \times \dfrac{OI'}{3} + ...$ $= \dfrac{OI}{3} (S p. AB + S. p. BC + ...)$ $= \dfrac{1}{3} S. p. ABCDE \times \dfrac{OI}{3}$ C.Q.F.D.	Convention. On le regarde comme la limite vers laquelle tend le nb. qui mesure le vol. eng. par le $\frac{1}{2}$ polyg. régulier. d'après cela, on aura : $V.$ Sphère $=$ limite du nb $[S.$ eng. par $ABCDEF \times \frac{OI}{3}]$ $= [S.$ eng. par $\frac{1}{2}$ Circ. $\times \frac{R}{3}]$ donc : Théor. Le Vol. d'une sphère est égal au produit de sa surface sphérique par le $\frac{1}{3}$ du rayon. Formule : $V = \dfrac{4}{3} \pi R^3$ ou $V = \dfrac{1}{6} \pi D^3$	Convention. On le regarde comme la limite vers laquelle tend le nb mesurant le vol du Secteur polygonal. d'où même démonstration et on trouve : Vol. Sect° Sph. $= S.$ par arc $\times \dfrac{R}{3}$ Formule : Comme Vol $=$ Zône $\times \dfrac{R}{3}$ on a : $V = 2\pi R h \times \dfrac{R}{3}$ ou, en effectuant : $V = \dfrac{2}{3} \pi R^2 h$

Rem. le nb $[S. p. ABCDE \times \dfrac{OI}{3}]$ tend vers une limite déterminée quand le nb des côtés double indéfiniment. Car il vaut : $(2\pi a . p) \dfrac{a}{3}$ et cela tend vers $(2\pi R. p) \dfrac{R}{3}$ nb fixe.

Applications.

I. Anneau Sphérique (Secteur sphérique. - Vol. par A

$$\boxed{V = \dfrac{1}{6} \pi \overline{AB}^2 \times h}$$

II. Segment sphérique à 2 bases (Anneau + tronc de cône)

$$\boxed{V = \text{Sphère} + 2 \text{ Cylindres}}$$

III. Segment sphérique à 1 base

$$\boxed{V = \text{Sphère} + 1 \text{ Cylindre}}$$ Formule : $\boxed{V = \pi h^2 \left(R - \dfrac{h}{3} \right)}$, car $B'^2 = h (2R - h)$

Table des matières.

Fin